陸之駿飲食隨筆

陸之駿　著

目次

Contents

【鄭重聲明】

我不是什麼「美食家」。

我吃東西的樣子，粗鄙狼狽，還常常吃太急、嗆到。

我只是一個「很認真吃東西的人」。

我對食物的議論，缺乏美食家那一大堆形容詞。

我只會說「好吃」、「不好吃」。然後用一堆理由，包括食材的選擇、烹調的科學、料理的歷史淵源……，努力支撐我說好或說壞的結論。

我還很偏食。喜歡的狂吃。討厭的就找藉口不動筷。

所以我的飲食習慣，也和養生無關。只是因為怕死，某種食物吃太多，就努力吃些化解它的食物。

因此，必須花點時間去研究這些食物的性質。

二〇一七年四月二十三日

五說日本料理之台灣わしょ

日本人很愛來台灣吃日本料理。

仔細想想，這是一件不可思議的事。

你能想像：中國人喜歡吃唐人街的雜碎嗎？通常嗤之以鼻，批評「不道地」。

我問過很多日本朋友，為什麼喜歡來台灣吃日本料理，答案有很多，多得撲朔迷離。

一位商社上班族告訴我：因為便宜。

「在東京，大概只有生日、紀念日、節慶……才會吃到壽司、生魚片，平常我都吃拉麵、便當。」他說。

想想又補充：「倒也不是只因為價格，我在東京，不像在台北有那麼多時間吃飯。」

經常飛日本的資深導遊亨利，說得斬釘截鐵：「當然是日本的日本料理好吃！」

他的詮釋是：日本遊客來台灣愛吃日本料理，跟台客去到世界各地偏要找魯肉飯、牛肉麵吃的劉姥姥心態差不多。

有位台日混血，祖先是「魍港海盜」、可能是旅居長崎的大海盜手下的老兄，說得最有趣：「台灣的日本料理，在日本，只有到很鄉下的地方才吃得到。日本派來台灣的前幾任總督，不是薩摩藩就是長州藩，算是日本偏遠鄉下，當地料理，難登東京、京都大雅之堂。來到台北，反而很容易吃到，這是一種吃『古早味』、『農家菜』的心理，或者吃的是對『殖民地風情』的緬懷吧！就像英國人對East India的感情一樣。」

我乾脆直接問台灣わしょ的師父。

師父答得也乾脆：「台灣的生魚片，切得大大塊，吃起來爽快。」

台灣わしょ肯定和原產地的日本料理不一樣。

我會用兩個字概括這百年來形成的獨特性：大器。

二〇一七年七月九日

五說日本料理之味噌

無論吃生魚片、鰻魚飯、炸物或牛丼，少了一碗味增湯，就覺得怪怪的。

我認為，味噌湯是日本料理的靈魂。

雖然這湯，乍看感覺沒什麼，不過就豆腐海帶、柴魚味噌。

香港佬羅拔說得更刻薄：「麵豉滾水」。意思是豆瓣醬和熱水，拌一拌就拿來喝。

味噌和豆瓣醬或廣東人說的麵豉，的確有些雷同，一樣是黃豆加鹽加麴發酵成黏黏鹹鹹的醬糊。

但華人沒有用豆瓣醬做湯的習慣，頂多是紅燒牛肉麵湯頭，用豆瓣醬調味。

但也僅止於調味，不會成為主角──我們不說「豆瓣醬湯」。

但日本人說味噌湯。

在日本各地，各有地方特色味噌，什麼赤味噌、白味噌，金山寺味噌、越後味噌、秋田味噌、薩摩味噌……，風味大異其趣，但主要都用來煮湯。

說是「煮」，也不太對。

味噌湯，只有湯底、上湯，才是明火熬煮的，材料用魚骨、蝦頭、昆布……等，各有秘方，各自隨興。

味噌，是在湯底熬好熄火之後，才拌入調味的。

所以，與其說「煮」味噌湯，不如說「沖」味噌湯，更加貼切。

煲湯，是粵菜靈魂。

在所有餐點之前，先喝一碗煲湯，暖胃開脾，展開一頓美食之旅。

味噌湯，也是靈魂。

但味噌湯殿後。在享受色彩、造型多變，味覺刺激卻不那麼肥皂劇的一系列日本料理後，用簡單的鹹、豆香與海味，畫上句點。

兩種美學，難分高下。

二〇一七年七月九日

五說日本料理之刺身

日本式的烹飪，有很多手法，什麼漬物、揚げ物、焼き物、煮物、鍋料理、吸物、汁物、練り物……等等。其實和東亞其他料理，華人、朝鮮、泰國、越南等，似乎大同小異，也一樣是用筷子進食。

日本料理最特殊之處，只在「刺身」。

刺身在台灣，俗稱生魚片。

全世界大概只有日本，生食魚，在飲食中佔了那麼關鍵的地位。

北極圈的愛斯基摩人也生食。

不過他們吃的主要是生肉，海豹或北極熊，魚並非全部。

愛斯基摩人的吃法，一如成語「茹毛飲血」。但日本人以魚、擴及各種貝類、甲殼類、頭足類等海產的生食法，卻十分精緻優雅。

這些海鮮，經由日本料理師父巧奪天工的手藝，雖然沒煮過，但上桌時卻讓人毫不猶豫送進嘴巴。

日本料理光憑刀工，就創造出美味。

這麼說，很玄。

舉例好了：

軟匙，台灣一般燙熟沾五味醬。我通常吃到第三塊，就嚼到嘴巴酸，感覺味如嚼蠟。

但日本料理師父，卻可以在二乘五公分的一小片軟匙上，縱橫劃上六十六刀。軟匙於是入口即化。

又如赤貝。

南洋叫它「屎蛤」。也生吃，但就腥腥的。

日本人把很大的屎蛤，切洗乾淨，吃起來爽脆清甜，截然二物。

如果要我說出日本料理的一樣代表，我只會說：刺身。

刺身無法家常。師父那手刀工，沒有十年寒窗苦練，是練不來的。

二〇一七年七月九日

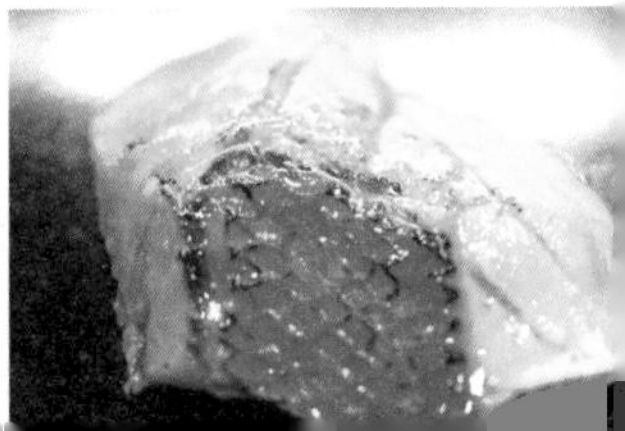

五說日本料理之季節感

可能是我孤陋寡聞吧，總覺得，日本料理是最契合季節的料理法。華人也說「應時食」。說歸說，華人料理的精神，仍然比較偏向上窮碧落下黃泉的搜奇飲食。滿漢全席什麼象鼻、駝峰、熊掌……，根本不考慮地域或季節，是一種把不可能相遇的動物湊成一桌的概念。現代鮑參肚翅，要日本鮑魚、遼寧刺參或印尼豬婆參、巴基斯坦花膠、丹麥天九翅……，仍是在實現大自然中不可能的任務。

我請教過一位日本料理大師：「味噌或是刺身，或其他……，請選一樣和食代表物？」

他笑吟吟敬我一杯，開玩笑說是清酒，隨即臉孔一板，嚴肅的說：「季節感」。

魚是季節的動物。什麼季節吃什麼魚。以魚為主的日本料理，而且是不加味烹調的生食，可能因此，必須更深刻的和季節天人合一、掌握那瞬間的最美好。

二〇一七年七月九日

五說日本料理之促膝長談

如果，我要請人吃頓飯、好好和他說個話，日本料理一定首選。無論對方是男人或女人。

無論是要談情說愛，或密謀喬事，總之，隱蔽的包廂裡，靜謐的氛圍，適合促膝長談。

服務生，只有擊掌時，才會過來。

想解饞、吃飽，我選中餐館、宴席。

一大桌十人八人，好叫菜，尤其是大菜，但這樣熱熱鬧鬧的場合，只能說場面話、談不了事。

如果宴間來了個愛現的大聲公，喧賓奪主，什麼話都說不了。

西餐也適合一對一。

但我覺得繁文縟節太多，光刀叉就很複雜；紅酒我喝不懂，只覺得那大玻璃杯既不適合乾杯，又很容易磕破。
渾身不自在。
於是什麼話都說不出來。

有一天，我要安排兩位誤會很深、又有頭有臉的人物，面對面和解。
我思考了很多場所，什麼包廂下午茶、雪茄吧……等等，連從前很多、現在很難找的茶藝館都想過，最後，我還是決定還在一家只有一個包廂的日本料理店。
美美的食物，使人心平氣和。冰冰的吟釀酒過三巡，什麼誤會都說開了。

二〇一七年七月九日

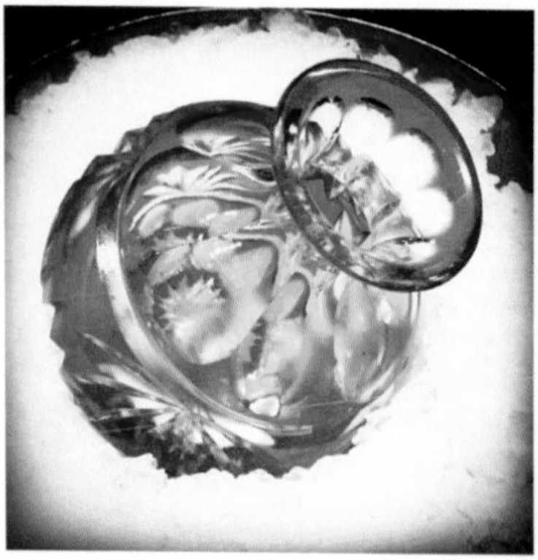

米粉湯與黑白切

我點了黑輪、豬舌、大腸，面街背店吃米粉湯。

湯頭味道豐盛。

正想讚美老闆娘：「米粉湯愈晚來吃愈好吃。最好是收攤前鍋底最後一碗；煮了一整個早上，什麼好味道在湯裡都齊全了。」

還來不及說，就聽到店家和客人議論劉家昌、甄珍離婚：

「早就離了……」

「他恐嚇國民黨騙國民黨很多錢……」

他們的評論，一針見血，十分到味。

耳朵舒服，米粉湯更顯美味。

星期天米粉湯的黑白切，通常特別熱賣，接近中午，三層、骨仔肉、粉腸、肉皮……這些搶手貨，早賣完了。

平日，尤其下雨天，老闆娘會愁眉苦臉把賣不完的打包。

星期天，像節慶。

現在的人，似乎都集中星期天上市場買菜。惦記著初一十五或初二十六的人，好像愈來愈少了。

二〇一七年七月九日

阿泉買蕉

生性儉嗇的阿泉拎了一大袋香蕉，招搖過市。認識他的人，不禁莞爾。終於有人忍不住酸他：「怎麼買那麼多香蕉？從來沒看過你買東西一次買那麼多，家裡有客人喔？」

大家都知道他獨居，兒女不相往來。吝嗇的人，大概也沒朋友。

阿泉靦腆回答：「現在香蕉很便宜，一斤才十幾塊。要吃趁現在，難道等它漲到一百多才吃？」

然後低聲喃喃自語：「昨天別攤還一斤三十幾，今天她賣我一斤十幾，有可能賣不對價，我當然要多買一些……」

「記得趕快吃，香蕉擺太久會變黑爛掉～～～」有個歐巴桑拉起嗓門，嘶吼著提醒走遠的阿泉。

整條街都笑得很開心；除了那幾個穿得漂漂亮亮的菜市場觀光客，搞不清楚大家在笑什麼。

二〇一七年七月九日

味精

所謂「谷胺酸」，在台灣比較常稱為「麩胺酸」；兩者一樣，同物異名。

麩胺酸對人類無害，甚至有助於兒童智力發展。

味精學名「麩胺酸鈉」；問題不出在「麩胺酸」，而在「鈉」。高鈉食品對血壓高的人不太好，攝取過量鈉也會造成人體細胞鉀鈉循環失衡。

鹽巴也是鈉，過量攝取味精的缺點，基本上和吃太多鹽一樣。只是鹽過量會苦，味精不會，因此容易攝取過量。

另一個問題是麩胺酸的合成方式，有些科學家對此有疑慮。

最早的麩胺酸鈉從海藻淬取，後來從麵粉淬取，原料都沒問題，但製程我不了解。現在的麩胺酸鈉，據說是細菌淬取，製程又如何？我也不清楚。

很肯定的一點是：味精是加工食品。凡加工食品，在確定製程安全之前，不宜輕率斷定無毒無害。

ps.我煮菜常用味精，只是會控制在每公斤食材一．五公克的量；並且不用在高溫環境，譬如炒菜，炒好熄火，才拌味精；其三是慎選品牌，雜牌勿用，標示成分複雜者，如什麼高鮮味精，也不用。

二〇一七年二月四日

刀工

職業廚師，從「刀工」入門。業餘烹飪，往往從「調味」著手。餐廳老闆，注重「食材」選購。以上差別，適用對政治人物的評價。至於「美食家」，就和電視名嘴般，「說得一口好菜」。

二〇一七年一月二十六日

成豬

養足三百公斤的成豬，不但肉質口感比只養五、六個月一百公斤左右的「白豬」好，而且沒有乳臭未乾的騷味。

所謂「黑豬肉」比較好吃，除了豬種差異，飼養的時間和方式，更是影響風味的關鍵。

二〇一七年一月二十六日，濱江市場

馬來西亞的雲吞麵

馬來西亞的「雲吞麵」，乍看和港澳的撈麵很像，其實不盡相同。

撈麵一般撈（也就是拌，老廣喜歡說撈，撈吉利，撈得風生水起）蠔油。

雲吞麵撈黑醲油，當地一種微甜微苦的焦香醬色。基本配備，是麵上幾塊叉燒、幾條菜心（油菜），再一碗雲吞、也就是餛飩湯。另外一小碟醋醃青辣椒，是馬式雲吞麵的靈魂。這算是……粵菜的在地化吧？

二〇一六年十一月十五日

叻沙

Laksa、叻沙，是我最喜歡的馬來西亞食物之一。據說，有好幾路煮法，什麼檳城叻沙、中馬、南馬、東馬……等等。我搞不清楚。只略約分辨：一種檳城叻沙，是用甘望魚（一種鰺魚）熬湯底，酸酸辣辣，放各種辛香生菜，甚至青芒果絲；另一種椰漿咖哩湯頭，放生「屎蚶」（也就是上海人說的「血蚶」、大顆的日本料理叫「赤貝」），然後最重要的，是「豆腐卜」，也就是炸得肚裡發泡的豆腐。

二〇一六年十一月十四日

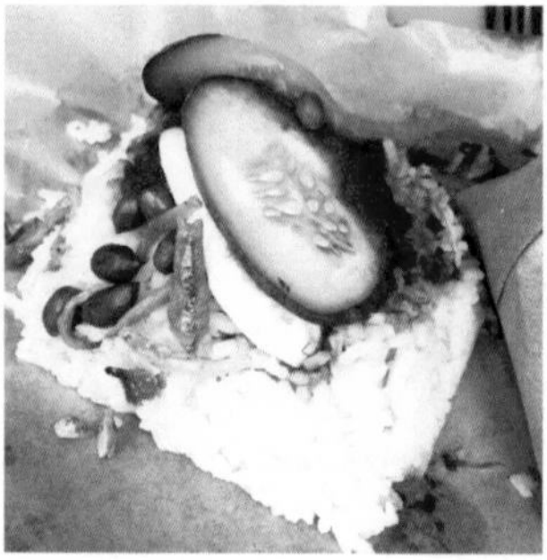

吉隆坡椰漿飯

冷靜下來，吉隆坡一百一十一道料理中，我最迷戀的是最簡單的Nasi Lemak：香氣四溢的椰漿飯，兩片生切黃瓜，幾尾炸公魚仔和幾粒花生，淋上辛辣的sambal醬。

在馬來半島上，家家戶戶的Nasi Lemak風味各一，就像台灣的魯肉飯。

離開當地，世界各國的Malaysia Cuisine幾乎都做得不道地；原因可能因為米，也可能因為椰漿、公魚仔，又或者因sambal……，更可能因為全部可能都可能。

二〇一六年十一月十二日

冠記雲吞麵

會議地點就在茨廠街附近。我心不在焉。
中場休息半小時，二話不嚕囌直奔冠記全蛋雲吞麵。
聽我妹C Y Tee說，這是我二舅生前最愛的一家。
我點了一碗雲吞、一碟冬菇乾撈麵、一碟雞絲乾撈麵。
果然美味。
醬汁口味濃重，但掩蓋不了麵條本身蛋味十足。和澳門黃枝記麵條彈牙的口感相比，冠記勝在蛋香、圓潤。
接著開會時，注意力盡在齒頰之間。

二〇一六年十月三十一日
在冠記雲吞麵KoonKeeWantanmee，馬來西亞

阿羅街夜市

我至少三十年沒到過阿羅街（Jalan Alor）。

幾十年前來的時候，我年少無知，印象彷彿誤闖風化區。

這次重遊，我已年過半百。

晚上特意央求接待的好友，切勿大魚大肉，只要夜市小吃。今天吃的是亞三叻沙、雲吞麵、蠔煎、魷魚蘿菜、羅惹、鮮蚶，十分過癮。

二〇一六年十月三十日
在阿羅街，馬來西亞

峰華潮州粥

沒想到在台北就很想吃的峰華潮州粥，竟然就在我住的飯店對面。

飽餐一頓後，埋單時問老闆：「聽說是開了幾十年的老店？」

「舊店開了十七年，搬過來又開了六年。」吳老闆說。

我又問他是不是潮州人？

他說他客家人，但請潮州老師父煮。只有滷鴨是他兒子做的；十幾年前花了九千馬幣拜老師父學藝。

「滷水道地。鴨子裡南薑塞得足、味道夠。」我讚美他。

「你怎知道……」他十分驚訝，接下來和我聊了半個鐘頭。

二〇一六年十月三十日

陸之駿在峰華潮洲粥

咕咾肉

老猴說：「咕咾肉酸酸甜甜，吃完接吻感覺特別好。」

我不想跟他講話。

咕咾肉做法如下：

一、胛心肉切丁。

二、肉丁用鹽、米酒醃透。

三、竹筍煮好，放涼，切丁。

四、紅蘿蔔、小黃瓜、洋蔥、青椒切丁或小件。

五、大蒜剝皮。

六、醃好的肉丁，用蛋黃汁撈匀，沾太白粉，入油鍋炸至金黃。

七、調糖醋醬：糖、鹽、白醋、蕃茄醬、醬油，調匀。

八、起油鍋，中火煸香蒜粒。

九、下紅蘿蔔丁、筍丁、肉丁，淋糖醋醬，炒匀。

十、下小黃瓜丁、洋蔥丁、青椒丁、鳳梨，再淋一些蕃茄醬增加鮮紅色，炒匀，加蓋燜一下，掀蓋、熄火、裝盤。

二〇一六年十月二十四日

麻油雞

土雞剁件，先用鹽、米酒醃一夜；當然要放在冰箱裏。

鑊燒熱，把薑片煸到變色。

下麻油把薑片炒到有點焦。

醃好的雞塊下鑊，煎至雞皮變黃。倒一瓶米酒下鍋，燒滾，轉小火，放兩片黃芪、下一點味精，煮半小時。

米酒要用鄭文維釀的米酒。

麻油要用謝建平老家台南大內的麻油。

二〇一六年九月十一日

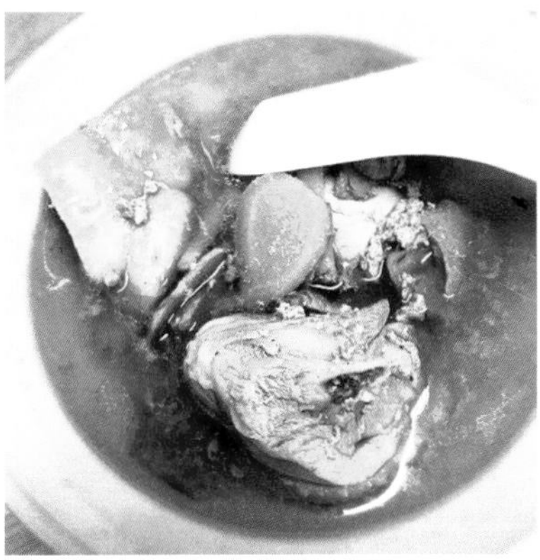

苦瓜燜雞

原來我愛煮愛吃的「苦瓜燜雞」，有個那麼雅的名稱「蘭亭訴苦」。

我一直以為這道菜是在地化的「馬來粵菜」，今據林金城兄說，始知是古粵菜。不過在知道這些以前，我已經把它改版了。

借用台菜「窨豉仔魚脯仔炒苦瓜」手法，重用豆豉；另沿粵菜「臘腸蒸雞」思路，加入切片臘腸。

二〇一六年八月二十八日

香腸・蕃茄・蛋

白飯＋煎香腸＋蕃茄炒蛋。

ps.一粒蕃茄三顆蛋：起油鍋，小火煸蕃茄丁，加糖加蕃茄醬；打蛋加鹽，蛋汁倒到鍋裏蕃茄上，中火烘至焦香，用鍋鏟切塊，翻面烘香，兜兩下，裝盤上桌。

ps.把冷凍庫裡冰得硬邦邦的台式香腸，直接下鍋煎到熟透而不臭火乾，這也是一門獨門絕活。

ps.左上是民國雞公碗；下方是晚清青花供碗；另一個是康寧。三個古今有別，但其實價錢差不多。

二〇一六年八月十日子時

煮筍

兒子昨天買筍煮筍，涼筍吃起來帶苦，心有不甘。
今天我再買再煮。到同一攤，請老闆代挑、問他怎麼挑的？
「用摸的。摸截口斷面白白的筍肉，愈細愈好。」他說。
我心想：糟糕！我昨天教兒子的方法錯了；我教他挑彎彎如牛角的、別選直的。
我乾脆問明白：「老闆，為什麼我兒子昨天跟你買的，煮起來不好吃？」
他淡定回答：「煮不夠久。筍子不怕煮，煮透才好吃。」
我付了錢正要走，他叮嚀：「煮筍要從冷水開始煮，不可以水滾才下筍。還有，一開始就多放點水，千萬別煮一半再加水。」
街市盡是文章；敢問就是學問。

二〇一六年七月二十三日

買鯧看臀鰭

「老爸，陪我去買魚。」

「下雨，你自己去買吧。」

「我想吃白鯧。」

「你幫我去買啦！你買的比較好吃。」

我只好陪女兒逛菜市場。

逛了好幾攤才買到。

「果然是你挑的比較好吃。」女兒整尾吃完，抿嘴評論；接著問：「你是怎麼挑的？」

「買鯧看臀鰭。」我說。

她打破沙鍋繼續問到底。

以下是我漫長答覆的摘要：

話說，通稱白鯧的，台灣有一屬七種；其中，中國鯧（Pampus chinensis）和鐮鯧（Pampuse chinogaster）外觀明顯不同，撇開不談；體型只有手掌（不包括手指）大小的鏡鯧（Pampus minor）也很好分辨；還有一種劉氏鯧（Pampus liuorum），我也沒見過。

剩下的三種：銀鯧（Pampus argenteus）、灰鯧（Pampus cinereus）、北鯧（Pampus punctatissimus），看起來的確不易分辨，但吃起來卻口感大不同。

三種當中，銀鯧可以長最大，到六十公分；另外兩種，頂多二十五公分。

三種鯧小時候，比成魚更難分辨；所以挑鯧魚的第一要訣，就是：選擇二十五公分左右大小，以便識別；這大小的白鯧，也最適合一般家庭鍋子煎煮。

第二個要訣，是看臀鰭。也就是腹部靠尾巴的鰭。

銀、灰、北三鯧中，以銀鯧最好吃，叫「正鯧」、南洋叫「豆底鯧」（取其音，不知何字？）正鯧的臀鰭較短；另兩種則長達尾巴和身體交界處。

為什麼要二十五公分大小的、才能判斷？因為灰鯧、北鯧小時候，臀鰭一樣是短短的。

「還有沒有其他不同？」女兒竟然沒聽到睡著，繼續問。

第三個要訣，看頭部的皮膚。

鯧魚眼睛後、後頭部，有一片皮膚，和身體其他部位顏色、觸感不太一樣。

如果是銀鯧，這片皮膚面積比較小，而且絕對不會「超過胸鰭基部的垂直線」、越界延伸；另外兩種，延伸情況不同，但都會越界。

「還有嗎？」

第四個要訣，是掀開魚腮、看裡面的「腮耙」。簡單說，銀鯧腮耙細長、而且比較密——應該說，細算腮耙枝數較多……，這已經是魚類專業鑑定技術，超出買魚所需了。

「大小二十五公分、臀鰭短、不一樣的皮膚小而且只限在頭部。」女兒複述一遍，然後說出她的結論：「下次，換我挑。」

二〇一六年七月十一日

文蛤五種

強迫症發作。難得買到野生文蛤，開始企圖分辨我吃了的是哪一種？

經查：台灣有五種野生文蛤：

Meretrix meretrix，台灣文蛤；

Meretrix lusoria，文蛤；

Meretrix lamarckii，韓國文蛤；

Meretrix petechialis，中華文蛤；

Meretrix lyrata，皺肋文蛤。

據說，同屬的這五種，「在外觀上有時很難區分」。養殖文蛤（應該是Meretrix lusoria），據傳是一九三四年左右從日本引進，在西岸各河口附近半鹹淡水區，逐年相繼放養。一九七〇年開始，魚塭養殖文蛤逐漸普遍。

二〇一六年七月九日

武夷岩茶

價格不菲的武夷岩茶，常被吹噓得天花亂墜；除了幾百個什麼大紅袍、半天妖、石乳香、老君眉……之類老名目，還隨時變化出玉桂王、金佛手……之類新名堂。

我對武夷岩茶的理解，卻十分簡單。

按「產區」劃分，分為：「武夷名岩產區」與「武夷丹岩產區」。

前者指：武夷山市風景區範圍內的約七十平方公里（相當於從前「正岩茶」、「半岩茶」）。後者指：武夷山市行政範圍內、名岩產區之外的產區（相當於從前「外山茶」。按「品種」分，有：水仙、肉桂、大紅袍、名叢和奇種。

前三者（水仙、肉桂、大紅袍）指「茶樹品

種」。「名叢」指鐵羅漢、白雞冠、水金龜和半天妖等四個茶樹品種。以上均包括該品種的原生實生苗、以及無性繁殖者，名岩、丹岩生產者都算。「奇種」則專指名岩產區內、以上七個茶樹品種之外的茶樹品種的實生苗，即從前所謂「菜茶」。

這些茶樹品種種植在丹岩產區的實生苗、或武夷山市全境無性繁殖者，均不稱奇種、而直接冠以品種名稱，如奇蘭、石乳香、百歲香之類。

當然，在以上兩個產區的五個品種，都必須按「看青弄青」的烏龍茶製作工藝加工，始可視為武夷岩茶；如果做成紅茶、綠茶，就不屬武夷岩茶了。

在飲用審美上，武夷岩茶的關鍵，就在所謂的「岩韻」；岩韻指的是茶湯入喉後、後口腔的一種感覺，這感覺是閩南烏龍、鳳凰山系烏龍、台灣烏龍或其他產區烏龍所不可能有的。

二〇一六年五月二十五日

大黃魚

一九八〇年代有位馬祖好友，經常帶大黃魚來台北請我吃。那時不覺得有什麼稀罕，通常就裹麵衣炸來沾胡椒鹽下酒。

光陰似箭，後來好一陣子沒吃到這魚，不過也不以為意。館子裡點不到蒜燒黃魚，就改吃紅燒馬頭好了。

大約是二〇〇八或二〇〇九年農曆年，我在小市場看見有攤販叫賣野生大黃魚，簡直當珍寶一樣，我一問價錢，三斤多一尾竟然要兩萬多台幣。

本想買給孩子嚐嚐，回頭一想，他們就算吃過這次、以後還不是一樣吃不到，何必空留懷念？

蘇眉，或所謂龍王鯛，只不過和大黃魚、正鰣魚、日本魷魚、海豬、天九翅、豆腐鯊、三頭鮑……等一樣，成為消失中、記憶中的鮮美海味。而這海洋生態的滅絕危機，大體說來，和中國崛起有關；一九九六年以後的中國，大概吃掉全球三分之一的漁獲，並且主要是珍貴海味。

二〇一六年五月二十三日，在停工的大巨蛋

鮑魚

雖然這麼說話很對不起請我吃飯的人，我還是要批評：這南非生鮑魚，實在味如嚼蠟。

鮑魚的美味，其實來自生鮑魚製作成乾鮑魚的過程中，沒有味道的蛋白質被裂解成鮮甜的麩胺酸、脯胺酸等胺基酸。

其中最重要的麩胺酸，其實就是味精的主要成分。

乾魷魚的味道比新鮮魷魚更加鮮美，也是一樣的道理。

多年前我看過一份多種食品的各種胺基酸含量報告，印象中除了鮑魚、魷魚，還有干貝、小魚乾等等，都是乾品比鮮貨的胺基酸、尤其麩胺酸含量高出許多，證實以上理論正確無誤。

可惜這一大疊資料，不知道被我塞到哪？一時之間無法參照引述。

二〇一六年五月二十一日

炸豬肉丸子

前幾天和一位很有意思的朋友同遊。他是清朝最後一位狀元、替溥儀起草退位詔書那位張謇的後人。

遇到這種「三代為官，懂吃懂穿」的人物，我最喜歡切入的話題，就是食物。我常從這類朋友手上，套到若干秘方。之前，就用這方法學到北京「炒肝」和上海「蛋腸」秘訣。

話題從他昨晚和孫子視訊，孩子們說「蛋餃吃完了」開始。

出門前，他花了三天時間，給孩子們包了六百多顆蛋餃，密封冷凍。

我沒問到蛋餃怎麼做，倒是問出一道炸丸子的做法：蒸好的糯米、豬絞肉各半，用豬油、芡粉和在一起炸。

「豬絞肉用瘦肉，油份，用豬油和，反而更均勻。」他說。

額外混到一道湯丸。他說：「如果忙，就絞肉和蛋、豬肉和一和，燒一鍋雞湯，丸子一捏一丟，弄好下些青菜即可上桌。」

我通常是這麼閒聊聽幾句，大概就可以試著做出來，不至於離譜。所以有人問我食譜時，我就很火；高人只傳心法、一二眉角，誰管你用什麼調味、下多少劑量？像這兩種丸子，關鍵字只一個「豬油」，其餘就得自行琢磨發揮。

二〇一六年五月二日

台灣茶

我聽到人家說：「還是台灣茶好……」，就很不是滋味。原因在：什麼是台灣茶？

一般說來，台灣茶指：坪林包種茶、木柵鐵觀音或南投、嘉義為主的烏龍茶。

烏龍茶又分：源自清、日時期「番庄烏龍」，發酵略重的半球狀烏龍；一九七〇年代茶改場推廣「高山茶」以後的球狀、輕發酵烏龍。以上烏龍系的「台灣茶」，外型、口感就差異很大。

所以我實在不知道，你說的「台灣茶」指哪一種？

「台灣茶」也不只有烏龍。香片、紅茶、綠茶……，都曾在台灣量產。這些，難道就不屬「台灣茶」嗎？

更何況一九九〇年代以後，台灣茶／進口茶比例達一比十，換言之，在台灣喝到的「台灣茶」，絕大部份、百分之九十以上是進口茶。

而這些進口茶，又絕大部份產地證明是越南、實際上從中國進口。

我當然明白，一般人所說的「台灣茶」，專指輕發酵球狀烏龍茶。但即使是輕發酵球狀烏龍，市面上大概頂多一半的產地真的是台灣。

二〇一六年五月一日

黑毛豬

白豬有白豬的問題，黑豬也有黑豬的問題。

扣除市佔百分之八十五的白豬（主要是LYD雜交豬）以外，剩下百分之十五的「黑毛豬」，到底是什麼豬呢？

就「品種」來說，最常見的有兩種：

其一是盤克夏、Berhshire，和鹿兒島的黑豬同種。

另一種是桃園種和杜洛克Duroc的雜交種。

除此之外，還有：客家人賽豬公用的是桃園種或美濃種；畜試所推廣的黑豬一號是桃園種和盤克夏雜交；蘭嶼特有的蘭嶼豬，但現多血統不純；傳說中的頂雙溪種；新命名的六堆豬……等等。

除了「品種」因素，影響黑毛豬食用品質的，還有「育齡」與「飼養方式」因素。

市售的白豬，一般五個月就殺來吃，標準的黑毛豬是養到十五個月，換句話說，前者乳臭未乾，後者是成豬，肉質口感完全不同。

話說回頭，如果黑毛豬只養到五個月就宰殺，那當然就不會有期待中的成豬肉味。

再來是飼養方式，譬如飼料是黃豆、玉米（往往是進口的、基改的），或者用傳統廚餘（餿水）餵養。

又譬如，豢養在豬舍裡，或者如蘭嶼、濟州島、伊比利豬的放牧方式？這都會發生類似飼料雞／玉米雞，或肉雞／放山雞的差別。

另外，又還有是否使用生長激素、抗生素、瘦肉精……等等藥物的問題。

並不是黑毛豬，就保證沒有投藥。

可以這麼說，黑豬是否比白豬好，不能光從毛色、品種論斷，我們還得進一步追究它是怎麼養的？多大時殺的？

二〇一六年四月二十六日

雜交豬

台灣市面上的豬肉，百分之八十五是ＬＹＤ雜交豬。

ＬＹＤ雜交豬，指Landrace、藍瑞斯母豬和Yorkshire、約克夏公豬交配生下來的二代母豬，再和Duroc、杜洛克交配，生下來的三品系雜交種，用於飼殺供肉。

ＬＹＤ雜交豬被選定為主流肉豬，除了基本條件「換肉率高」（幾斤飼料換一斤肉）以外，另外的原因是：窩仔數高、活產頭數高與豬群整齊度高……等等，總之，考量重點在「繁殖」。

相對於「豬肉好不好吃」的考慮，養豬產業更注重的是「經濟效率」。

Ｌ、Ｙ、Ｄ都是洋名，擺明是外來種。

這些來自歐美溫帶環境的豬種，對於台灣潮濕高溫的亞熱帶環境，不太適應，很容易受病菌感染。因此，在飼養過程中（尤其是擠在豬舍的集約飼養），不得不施打抗生素、大量投藥抗病。

美豬含瘦肉精固然可惡，但本土的ＬＹＤ雜交豬，也未必安全；ＬＹＤ雜交豬，也只是符合政府用藥許可而已。

我個人向來比較關心的是：豬肉作為主食，安不安全？好不好吃？

二〇一六年四月二十六日

吃辣無國界

宴席中陳洲任兄提出一個很有趣的問題：「四川、湖南……這些地方，在辣椒幾百年前傳入以前，吃的特色是什麼？為什麼吃辣的習慣，偏偏就在這幾個地方流行，而不是靠海、跟外來文明更近的廣東、福建？是不是辣椒一來，剛好替代了什麼？……」

我沒答案，揣測著回答：「可能飲食文明愈不發達、愈未定型的地方，愈容易被新習慣附著。」

「中國境內的吃辣地區，似乎跟夜郎國疆域差不多。」

「跨越國境，中國吃辣地區，和緬泰、東南亞、印度毗鄰；但朝鮮半島，似乎又是一個孤島……」

我真的沒答案。還在思考。

二〇一六年三月十四日

黑豬也要轉型正義

比較「蘭嶼豬」、「沖繩豬」和「濟州島豬」的長相，我不得不認為三地之間，在一定的歷史時期，曾經有過血濃於水的基因聯繫。

豬不會漂洋過海，人才會。

因此三地的歷史聯繫，肯定是人類；而這裡所說的人類，當指朝鮮人到濟州、日本人到沖繩、漢人到台灣之前的人類，因為這些「小耳豬」在三地的歷史都早於大移民、卻又肯定不是土生土長原生種。

據說荷蘭人治台之初，台灣本島還有數百萬隻蘭嶼豬。

蘭嶼豬和我們平常食用的大白豬長相截然不同，現在已幾乎滅絕。

蘭嶼豬在台灣歷史上歷經幾度浩劫，清治時期引進龍潭陂黑豬等品種，日治引進歐系白豬，國治引進美系豬。

濟州、沖繩均以本地特產黑豬肉為觀光美食賣點，唯獨台灣不然！這是否也需要「轉型正義」？

二〇一六年三月十四日

菜頭排骨湯

結果我拖了十來天的感冒餘火，竟然是靠兒子煮的一大鍋菜頭排骨湯治好的。

他最近開始常下廚。

湯煮得六十分，沒他想念中我煮的那滋味。

貪心煮了一大鍋，卻沒讓他自己吃得欲罷不能，剩著不少，我連續兩夜睡前一大碗公。

連續兩個早晨都一大早排便，量大而稀軟，和吃過排毒瀉火的中藥湯劑後情況差不多。

兩天下來，週身感覺隱隱微熱、量體溫卻正常的情況，竟然不藥而癒。

記得多年前看過一道治喉嚨痛的偏方：青橄欖煮白蘿蔔，想來大量吃白蘿蔔效果也相當。

又有另一方，是白蘿蔔切片，淋蜂蜜蒸食。

初冬時節，我最愛的「杆仔菜頭」大出；盛產的時候就是最美味的時候。就趁這時，把盛暑以來蟄伏的火氣，打從心裡瀉一瀉吧。

二〇一五年十一月十二日

馬習菜單的一個假想

沿續昨晚馬習會菜單的議題。如果他們共進晚餐是一客海南雞飯、配肉骨茶，飯後甜品珍多冰，我保證這樣的安排，會成為傳誦千秋的歷史佳話。

新加坡美食也將永遠被記上一筆。李、馬、習的幕僚，實在太沒「歷史感」了。

二〇一五年十一月八日

不及格的馬習會菜單

馬習會的菜單，實在不倫不類。

涼菜「金箔片皮豬」、「風味醬鮑片脆瓜」，翻譯成白話，就是香港style的烤乳豬皮、與仿新派日本料理的響螺片配大黃瓜片。

四道熱菜：「湘式青蒜爆龍蝦」，湘式其實指的是辣味，但龍蝦基本上絕非內陸的湖南（湘）菜用料。「竹葉東星斑XO糯米飯」，一看就香港改良式粵菜，原型應是荷葉糯米飯，卻以竹葉取代荷葉、石斑魚取代蝦仁，加上喧賓奪主的XO醬，格調奇low無比。「杭式東坡肉」，杭式的正確名稱應為「杭幫菜」，蘇東坡確實到過杭州、東坡肉確為杭幫名菜之一，但東坡肉其實就是紅燒肉，全中國各地有之，何以強調「杭式」？令人不解。「百合炒蘆筍」，這兩種蔬菜，大約都是最近三十年內華人才種植、食用的，最近十年才登上宴席，基本上毫無特色。

主食「四川擔擔麵」，既不符合陝西出生、久居北京的習近平飲食，又不符合祖籍湖南、一輩子生活在台灣的馬英九口味，更不具新加坡特色（不如用「叻沙」），何以來哉？難明究竟！甜品「桂花湯雪蛤湯圓」及「水果拼盤」，前者又是一亂混血的新派甜品，後者、新加坡的水果全都是進口貨，既非本地、亦無時令。

重要政治場合的菜單，往往寓有深意，常有與會雙方會心一笑的驚喜，但這一次菜單的隨便，除了顯示籌備三方的工作人員都很不用心之外，也反映著整個馬習會的隨便、青青菜菜。

二〇一五年十一月七日

沒有定義，就是它的揮灑空間

一位到雲南深入普洱茶區十年的老哥，最近因為父母親年紀大了，回到台灣開茶行。

趁著連假，我到他新開張的店祝賀、飲茶。

他考我：「普洱生餅原料曬青毛茶，到底是綠茶還是青茶？」

平日侃侃談茶的我，忽然語塞。

我假裝專心品嚐他剛沏好、燙口的十年福元昌生餅，盤算該怎麼答腔。

大約沈默有一分鐘，我才說：「如果只是曬乾就壓餅，毛茶是白茶；馬上下鍋殺青，是綠茶；如果有意或無意抖搖過再殺青，是青茶……」

「所以就是沒有定義。」他打斷我的話，斬釘截鐵。

「是的…」我猶豫著說：「一九五五到二〇〇五年間、普洱茶的中茶時代，製作工藝的ＳＯＰ，的確沒清楚定義毛茶怎麼製作，只規定各茶區初製茶送到工廠之後，怎麼按毛茶粗老或細嫩分級、以及如何二次加工成餅……」

「沒有定義，就是它的揮灑空間。」他悠悠說。

他一句話，引起我諸方聯想；太多事物，不都如此？

思緒回到普洱，我深信：能這麼想，肯定能走出一條新路，一如前些年他在玩古樹、玩山頭的世紀初普洱潮流中引領風騷一樣。

二〇一五年九月二十八日

珍多冰

每家「珍多冰」（Chendol）都有獨門的椰糖、椰奶秘方形成獨特風味。

芙蓉埠這家，櫃上有一甕椰糖及一大桶椰奶，冰現刨，加一點綠色米苔目，淋一大匙椰糖，再舀一瓢椰奶即成。可以另加料，紅豆、玉米、爽脆碎花生或糯米。紅色那碗ABCHSC，不知為何取這怪名，看來是招牌大雜燴。我點一碗試試，還是不及傳統珍多冰迷人。

二〇一五年三月八日，在芙蓉市，馬來西亞

魚豕之爭

晚餐時許鎮志、陸子昭兄弟鬩牆。

陪我買菜時，在魚攤上親眼見到剁件鯇魚的陸子昭，堅持要我明天煮咖哩魚湯；

用煎香魚塊，蕃茄、鳳梨同煮，用淡咖哩調味。

當哥哥的許鎮志稍有讓步：「煮什麼都行，但一定要有豬肉！」

高偉哲見他們倆相持不下，拒絕表態：「煮什麼，我都喜歡吃。」

我深思熟慮，終於想到一個自鳴得意的答案：「明天大家一起上館子！」

二〇一四年十二月二十日

臭豆腐

「為什麼有人愛吃臭豆腐？」一聞到臭豆腐就想吐的女兒問我。

我腦海中浮現起好多好多臭食物：皮蛋、Blue Cheese、魚露、納豆、醃鯷魚……，似乎都和「發酵」有關。隨口答：「在發明刀與火之前，人類像鬣犬一樣，是食腐動物。逐臭之夫，可能是遠古基因歷史殘餘……」

兒子女兒都瞪大眼睛不說話。

我心虛。改口：「香或臭，本來就不是絕對的，而是一種文化偏見；我們覺得印度人一身臭咖哩味，人家覺得我們滿身豬味。」

想想，我覺得還是有漏洞，又說：「當然，有些東西，全世界公認臭，有別的解釋，譬如大便，認為臭，可能是因為判定這東西不能吃、不衛生、對人體有害……」我說到一半，突然閉嘴。感覺自己：真的愈來愈胡說八道。

二〇一四年十一月二十八日

現宰黃牛

感謝黃茂霖兄送我六斤今早龍潭現宰的黃牛肉，也感謝牛廉兄專程送來我家。

這種正黃牛肉，紋理色澤像黑鮪魚，台北很難買到；台北的本地牛肉，大多是淘汰乳牛。

從前，都形容黑鮪魚肉像牛肉，現在倒過來說牛肉像黑鮪，風水輪流轉。

台灣正黃牛是荷蘭人引進的印度種，和日治時引英國牛混血，帶嚼勁又富肉香的口感，個人認為天下第一。

這牛從前台灣到處都有，台北濱江街三十年前尚有私宰，如今北台灣產地只剩桃園。

為了搭配這得來不易的牛肉，我特別找了早上現挖的紅蘿蔔，和立冬後極難買到的杆仔種白蘿蔔，準備紅燒一大鍋。

二〇一四年十一月十一日

山羊、綿羊和魚

兒子再三追問，某一家羊肉鍋雖然特別貴、為什麼特別好吃，原本昏昏欲睡的我，勉為其難回答：「因為他們用山羊，別家用進口綿羊肉。」

他繼續喋喋不休打破砂鍋問到底。

我只好坐起來一口氣說完：「山羊的角是直的，綿羊是捲角捲毛的。山羊英文叫Goat，拉丁屬名Capra；綿羊Sheep、Ovis；是兩種不同的動物，只是中文都叫羊。山羊和綿羊的差別，比老虎跟獅子還大；老虎獅子交配，會生下沒有繁殖能力的獅虎或虎獅；山羊和綿羊不同屬，交配生不出小孩；它們的距離，唔……，差不多相當於……雞和孔雀吧！」

他好像明白了，這麼接話：「難怪那家羊肉，和平常吃的羊肉紋路不太一樣……」

換我納悶：真是這樣嗎？

我好累，但兒子精神好得很，硬把話題轉到魚：「以前你煮一道咖哩魚，好好吃；淡淡的咖哩湯，放鳳梨和蕃茄塊。那用的是什麼魚呀？」

這道菜，我好幾年沒煮了，一時想不起是什麼魚。於是胡亂回應：「魚還有很多好吃的煮法呀，薑醋魚、焴醃魚、墨西哥生魚片……」

「還有大蒜黃魚！」他顯然被我愈說愈饞。

換我絕地大反攻：「我至少會一百種魚料理法，可惜你這幾年，我一買魚，你就堅持只要蕃茄薑片清蒸，搞得我沒機會用別的方法煮！」

「現在不會了……」他有點慚愧；我想他知道我在說什麼。兒子剛剛走出一段慘綠少年戀情，他的世界，忽然又五彩繽紛，臉上有了笑容，連味覺、探險的天性一併恢復。

二〇一四年十一月三日

豬油渣

啃豬油渣。

「別吃那麼多，小心膽固醇過高……」女兒就是那麼嘮叨碎唸。

我決定大頂嘴。說：「這沒味精，沒鈉，不可能是毒澱粉，絕對不含塑化劑，也沒沾到黑心油，你還想怎樣？肥油都快被炸光了，甚至談不上高脂肪，也不可能是反式脂肪。」

「那我可以打包去看電影當零嘴嗎？」乾兒子聽了我的開示，大膽要求。

二〇一四年十月二十一日

羊肉泡饃

羊肉泡饃快嗑完時，隔壁桌坐下一對男女，老女人嬌滴滴說：「羊肉泡饃是招牌菜，我沒吃過，點一份嚐嚐。」

我和乾兒子對看一眼，心照不宣暗暗竊笑。

十五分鐘前，我們一樣為了嚐鮮，點了羊肉泡饃。

家裡附近，不知什麼時候新開這陝西館子；一下午喝茶，餓得發慌，直奔過來。我們一點好菜、埋完單，老板娘就飛快上菜，端來一口大碗，盛著一塊好像烤過的厚麵餅。見我們楞在哪，老板娘見怪不怪、老神在在說：「沒吃過？把它撕成小塊，再拿給我們煮。」說完隨手掰下飯粒大小的幾小塊示範一下。

隔壁桌喊她，轉番去了。

乾兒子小聲問：「這現在可以吃嗎？」會這麼問，肯定極餓，雖然他口口聲聲「不餓」、「還好」、「有一點」……。

正巧把老板娘喊過去的那桌，問相同問題，老板娘昂聲囑咐：「可以吃一點。它只半熟，吃多了會拉肚子。」我環顧四週各桌，幾乎每桌都有泡饃，大家各自撕得不亦樂乎。

「我們一人剝一半。」我自告奮勇幫忙撕，雖然羊肉泡饃是乾兒子點的，圖個新鮮好玩；我自己怕出糗，保守點了水餃，和感覺比較沒事的肉夾饃。

只撕了不到一半，我們就覺得很麻煩、不好玩，開始打納涼：「吃這個有個好處，飯前沒空玩手機。」我說。

「約新交的女生吃飯倒適合，可以慢慢剁、耍拖延，爭取時間培養感情。」他說。

我們有一搭沒一搭愈扯愈撕愈大塊。

突然聽見老板娘糾正撕好交碗的某桌：「你這太大塊，會不好吃。」

我們趕緊乖乖把大撕小，繼續扯淡：「下次設計胖子來吃，他最不耐煩，我們全力推薦他點羊肉泡饃。」他說。

我馬上叫好！然後怨懟：「這八成是中國西北窮鄉僻壤的食物，一塊餅撕到完，煩得快不餓了。」

其實我們都正擔心，老板娘會不會嫌我們撕太大、退回再撕。

交碗時，她瞄一眼：「還是太大……」但忽然話鋒一轉：「算了！幫你們多煮幾分鐘。」

羊肉泡饃煮上來時，我們開始猶豫要不要加菜。

「感覺吃不飽的樣子。」我說。

「我先吃吃看，不夠再點好了。」乾兒子回答。

湯頭是美味的，肉塊燉得柔軟卻帶些許嚼勁。我們各自撈了一小碗親手辛苦撕成的泡饃，感覺像湯泡乾硬飯，卻其實是麵粒，有麵香。這時我的水餃、肉夾饃端上桌，各吃各的。

乾兒子吃到後來，問老板娘：「這一份泡饃，通常幾個人吃？」

「看食量吧！」她笑笑應。

我猜乾兒子八成漲了、飽了，才這麼問。

我的水餃很好，那陝西漢堡硬硬的厚麵餅，卻嚼得我嘴巴發酸。這食物，實在不適合飢餓的人狼吞虎嚥。

「誰知道那些泡饃片片湯底下，還暗藏一大撮冬粉。」乾兒子撐得兩眼發紅，一出店門就嚷嚷。

我們靜靜往回家路上走了一段，我才想起該這麼說：「明天晚餐，還是白飯配菜，實在些、老實些。」

他也好像想了好久才說：「早知道聽她的，撕成米粒大小；太大塊，泡湯吃下去，一整個漲起來。」

我忽然感覺這條小吃街，就最近幾年，什麼新疆羊肉、越南河粉、酸辣麵……大江南北口味，瞬間林立，想找一碗魯肉飯或陽春麵，竟然也不再那麼輕易。

二〇一四年九月三十日

水梨甜否

「這水梨好甜！」女兒從她那一大盤遞一塊削好的梨分我。

「不吃。今年的梨，又酸又苦。」我淡淡的說。

她沈默。沒頂嘴反駁「怎會？」。

前兩天她才批評「台灣的釋迦很甜；甜得失去原有的果香」。女兒愛吃奶奶家種的紅皮釋迦，甜度沒那麼高，甚至微微帶酸，但就是有釋迦味。

良久，女兒才冒出一句：「小枝阿伯嗎？」

「是小枝叔叔！」我說得鏗鏘。

小枝是我的好友，好多年前棄繁華的台北返鄉務農。十幾年來的夏天，我都吃他的梨。我沒賺錢時，他送；發了財，向他買，一次買很多、買來送人。

他交行口一箱梨六百，賣我也一箱六百，他抱怨：「我賣你要賠運費。」

我說：「那我七百跟你買」。

他堅持不肯，理由是「我就是要讓你欠我運費。你虧欠我，才會想念我。」

他的梨，我從新世紀吃到新興、豐水、台中不知道幾號，最後吃到愛日，彷彿一部台灣水梨接穗史。

「愛旦怎那麼難吃？」我嫌。

「愛旦，就是台語要等；夏天採收，要等到過年才好吃。」他這麼應。

我不知道他說真說假。他這人高深莫測，說話真假難辨。

他長得一臉老實，言語結巴懇切，心機卻像太空。

今年初夏我打電話亂他：「梨子咧？」

他懶洋洋說：「中元普渡時梨子才出。我今年沒梨送你，我改種茂谷柑，價錢比較好。」

我想起小蕃茄一斤破三百好價錢那年，他也在溪底租地種蕃茄，卻被颱風刮了。

他好像看天吃飯的運氣不怎麼好，人家賺的、他卻賠，我於是有點擔心他的茂谷。

茂谷還早，要等到冬天、接近農曆年。

普渡前，我到他種梨的小鎮走了一遭。

參加完他誤診驟逝的喪禮，鎮上有幾攤農婦擺賣早出的水梨。我當然沒買。

我深信，今年的水梨，我嚼起來肯定又酸又苦。

「這棵茂谷柑，就是他試種的。」一位不種水果卻始終住在這農村小鎮的朋友，開車送我去車站時，指著路過的果園對我說。

二〇一四年九月十二日

豬油

台灣過去一年進口了多少豬油？最近半年進口三千噸豬油，去了哪裡？

依據財政部關務署稅則，被定義為「豬油」的進口商品，包括：150110熟豬油、150120其他豬脂、15030011豬、牛、羊硬脂，酸價不超過一；15030012豬、牛、羊硬脂，酸價超過一；15030021豬、牛、羊脂油，酸價不超過一；15030022豬、牛、羊脂油，酸價超過一。

依據國貿局統計，在二〇一三年七月至二〇一四年六月期間，上述商品進口情況如下：

一、150110熟豬油總共進口一百九十一萬七千一百五十五公斤（此為淨重，KGM，下同）；其中一百零八萬七千八百二十公斤來自西班牙，八十萬七千一百五十公斤來自越南，兩萬兩千一百八十五公斤來自日本。值得特別注意的是：在二〇一三年十二月以前，自一九八九年一月以來的統計資料，並無此項商品進口。

二、150120其他豬脂總共進口九十八萬八千八百六十公斤；其中九十萬一千一百二十公斤來自日本，八萬七千七百二十公斤來自香港，二十公斤來自美國。與150110熟豬油一樣情況，在二〇一三年十二月以前，過去亦從未進口。

三、15030011、15030012在此一期間，進口數量均為零；過去亦從未進口。15030021之進口數量，歷年零星以個位數公斤進口。

四、15030022，亦即酸價超過一、不能食用的豬、牛、羊脂油，期間進口六萬五千八百七十四公斤，其中六萬三千零九十公斤來自越南、一千五百二十四公斤來自美國、一千兩百六十公斤來自中國。

我的疑問是：台灣毛豬總頭數約在六百萬上下，算是產豬大國，為什麼從二〇一三年十二月開始，大量以貨號150110、150120及15030022名義進口豬油，屬於異常增加情況，關務署、國貿局為何未向食安單位通報警訊？

二〇一四年九月十日

魔鬼的考驗

其實，餐廳和食品廠就是食品安全的最佳把關員。做吃的人最懂食物，用慣的原料味道稍有不對，就表示有問題；低於行情的進貨價格，就是異常的警訊。問題的關鍵，只在於餐廳或食品業者一念之間的良心。但良心是會被魔鬼考驗的。電價狂漲吃掉餐廳、食品廠的大部分利潤，為了存活求生，難免會發生良心被狗啃的情形。

二〇一四年九月六日

地溝油

我一點都不同情「誤用」地溝豬油的同業。

正常桶裝豬油一五公斤裝要九百多、快一千元一桶；而黑心豬油只要三、四百元一桶，部隊之類大批採購只要一百八十到兩百五十元一桶。

一分錢一分貨，我真的不相信，他們在貪便宜時不知情。

我都是去豬肉攤買豬皮回來自己炸。一斤生板油十元，大約炸一斤油；十五公斤豬油，原料成本就二百五十元，還沒算上瓦斯費、人工成本。

至於為什麼要那麼費功夫自己炸？除了安全、健康的考慮，最重要的原因，就是本人嗜吃豬油渣。

二〇一四年九月五日

台灣特產

「爸爸，外國人來台灣都會買什麼特產？」騎車經過家裡附近的「陸客街」時，女兒突然一問。

我頓時語塞。

這條前陣子電視上報導的「陸客街」，在三、五年前吧、女兒唸小學時，還是條寂靜的小巷；雖編定為商業區，卻始終維持著住宅區的安寧。

我找話搪塞：「肯定不是鳳梨酥……至少以前不是……可能是茶葉吧……」我真一時想不起現在台灣的特色是什麼？胡亂想起多年前陪一位老外美女逛龍山寺，她從頭到尾嚷嚷Formosa Oolong Tea，好不容易逛到一家，她買了三十克。回想起來，這位老外老師的馬子，應該就是所謂的揹包客，雖然一九八〇年代那時還不時興這名堂。

「從前瑪瑙、大理石也是台灣特產。現在中華路上從前有火車鐵軌經過，上面有個中華商場，就賣這些東西，還有些手工藝品之類給觀光客。」想著想著，我扯到這裡。

女兒茫然。一九九〇年代末期才出生的她，對中華商場毫無概念。

她坐在後座。我看不見她臉上表情。猜想她正拼湊想像。接著又說：「瑪瑙原本台灣少量生產，賣得好，就從巴西大量進口原石，在台灣染色琢磨。台灣染色技術一流。家裡那兩顆綠綠的，就是瑪瑙。那時有賣紅的綠的，紅的較多。」我聯想到另一事，又說：「大理石原來是花蓮出產的，後來也進口來賣觀光客，就敗市了。茶，也是……」

「搖搖杯之類賣茶的，算台灣特色。」女兒說得得意洋洋。

「那是。不過台灣原是茶葉外銷大國，現在茶葉卻百分之九十以上進口。外銷導向、拼價格的結果，最後就會被價格更便宜的外國輕易取代。」

「像沖繩特產就很鮮明。沖繩黑糖！」女兒大概想起六月去過沖繩，這麼提起，並提問：「是不是他們政府規劃、保護得比較好？」

「沖繩的製糖技術，是從台灣學回去的。台灣糖業為了外銷，不斷提昇製糖技術、規格化，捨棄傳統工藝。沖繩糖業發展較慢，到頭來保留下珍貴的傳統。這不全然是政府責任，但和政府的過客心態、搶快錢而非長治久安有關……」我扯遠了，覺得應該緘默下來。

「泡麵算台灣特產；全世界只有台灣泡麵有這麼多口味。7-11也是；全世界的便宜超商，台灣的東西最多、功能最多！」女兒繼續想著她的台灣第一。

到家了。停車下車。我繼續緘默著想著另外一個方向。

二〇一四年八月三十日

蚵仔麵線

忽然想吃蚵仔麵線。

「三角窗那家好吃嗎？」我問兒子最近的一家，懶得走遠。

「很多人說好吃。我覺得還好。」

我決定試試。

這一家蚵仔麵線，離我家只約一百公尺，開業少說有五年，我第一次光顧。店門開得很奇怪，不對著相對的主幹道，卻從側邊開。客人得走進原本是庭院的棚子，烹飪區前方有個櫃檯，點餐、取餐、付完錢，自己端進屋找位子坐下來吃。一進屋正對一面三公尺六公尺大牆，滿滿一大幅大圖輸出，印著一行行老板的故事，從源起說到懷念。

麵線好燙。慢慢吃著等涼些時，我略約瞄了一下牆上文字，大意是：老板原本是開計程車的，轉行做小吃，借錢開業、發生氣爆，振作重來，生意又不好……。一個很無趣的故事。誇張的貼滿十八平方公尺。

我莫名的對這些年忽然流行起來的「故事行銷」備感厭惡。明明沒故事或故事乏善可陳，卻偏要編派一個來行銷，我覺得就只有矯情二字可堪形容。

真正好味道的店家不需要這些。甚至不需要店名、招牌。有一家在農安街巷口的蚵仔麵線，我吃了幾十年，印象中無名。食物不會因為故事而美味，卻會因為過多故事包裝，變得昂貴或失真。

這家蚵仔麵線如果真要說故事，剛剛幫我招那碗大腸蚵仔麵線的少年仔，看起來十五、六歲，寬大的T恤掩不住他手臂上的拙劣刺青，脖子上掛著浮誇粗金鍊子，理個平頭，為什麼在這打工？這故事肯定更加精彩！

二〇一四年八月二十五日

消失的咖哩魚蛋

兒子第一次到香港就愛上尖沙咀站附近一家咖哩魚蛋。

兩年後舊地重遊遍尋不著；海防街從頭到尾來回一遍，繞了九龍公園半圈，就沒看到。

我找了個路邊書報攤打聽，老頭說：「沒開咗。」

我不死心追問搬到哪？印象中，香港的店鋪兩年一次租約到期大風吹，但都搬在同一區附近。

老頭有點不耐煩：「這附近這兩年房租漲三、四倍，咖哩魚蛋不開了，老板退休了。」

我抬頭一望，四處都周生生、周大福，現在香港好像只剩賣金賣鑽才付得起店租。食肆老店，除非鋪頭是店家早年買下的，租的十之八九關門大吉。

好不容易攔下一部計程車逃離繁華，司機是位七十幾歲溫州佬，廣東話講得很標準，普通話卻帶鄉音，我問他：「下來香港多少年了？」

「我老爸在香港，一九五八申請我下來澳門，再花一百五十塊錢偷渡到香港。」

愈聊愈起勁，忽然聽他抱怨香港物價說到「香港的士牌照最高時七百多萬，現在跌了幾十萬還要六百七十萬。」

我們一行四人，幾乎不敢相信自己的耳朵！買一部車只要二十萬，一塊的士牌照卻要六百七十萬港幣，直逼百萬美元！相當於香港一間公寓！

我問他一個月開車賺多少？

「自己開晚班賺兩萬；早班租給別人開，收租兩萬四。」

我算算，他老人家月入台幣十七、八萬！

我有點不好意思、但還是追問他牌照多少錢買的？

「一九八五買二十萬。」他大方回答，得意的笑。

二〇一四年八月二十二日，在Elements圓方

愛文芒果

走進水果店，我看著一堆紅彤彤黃澄澄的愛文芒果發愣。

我想買兩顆。現買現吃。不知如何下手？

張望著。好不容易熟悉的店員走過來，我趕緊問：「幫我挑兩顆今天吃的。」

他把我手上那顆最紅的擺回去，然後說：「皮粉粉的，表示還沒熟；熟的，像這顆一樣，油亮亮。愛文熟透，反而會比原來顏色淡一點，沒那麼紅，會稍為帶黃、橙紅色。」

他想想又說：「沒碰撞、沒被掐，那是基本條件。」

我結果買了四顆。兩顆他挑的；另外兩顆，我自己挑紅得發紫、粉皮的。

行行出狀元，果然，他挑的好吃！我自己挑的，一削皮，就感覺青澀。

二〇一四年七月十二日

乾煎白鯧

點完菜、等餐的時候，不知因何忽然聊起寫作。

剛點了一尾乾煎白鯧，我隨口說：「譬如魚，在魚攤上共有五種，一般叫不全名稱，內行的或許會說：白鯧、午仔、石斑、金線連、紅魽。但叫出五種名稱，只是溝通；因為聽懂什麼名稱指什麼魚的，算是內行人。文學的要求，是不說名稱，透過對五種魚的描述，讓聽的人、讀者知道五種魚不同；最好還要各用一句話，就概括出一種的特徵、特色、典型；最好還能概括得精準、不使人誤會，還有美感。」

「眼睛看到的，其實不見得容易描述得出來。」

「大部分寫文章的，都是讀了很多文章而開始模仿，而不是透過眼睛觀察、有所感，而把自己的想法寫出來。」

雖然只是等待食物空檔中閒聊，七嘴八舌十分起勁。

「看的到寫不出，日新月異的現代生活，更容易如此。譬如這十幾年才流行的火龍果，就很難描述。果上尖尖綠綠軟軟的，該叫什麼呢？軟刺嗎？」

這一說，大家語塞。

上第一道菜了，子薑炒牛肉。我夾了一筷到飯上，還來不及扒，想想還是先把話說完：「看書、看別人文章，目的是學習別人描述某種事物的方法；可惜有太多文章，都只是把別人描述的詞彙、語言，裁剪進自己的主題。這樣寫，對我來說，不如不寫。」

鯧魚煎好上桌。

我還沒想到不提鯧魚二字，該怎麼描述鯧魚，筷子不知不覺筴起我最愛的煎得酥脆的背鰭。

二〇一四年七月九日

滷鵝與燒鴨

「你們說說看，這兩隻，有什麼不同？」經過台北大型港式餐廳標準櫥窗，瞪著裡頭一隻滷鵝、一隻燒鴨，問隨著我停下腳步的孩子們。

「一隻滷，一隻烤。」

「一隻鵝，一隻鴨！」

等他們說完，換我說：「滷鵝頸下、下腹，各開一個洞；燒鴨只開一洞在下腹，但稍大、圓。」

他們大概覺得這答案很怪，楞了一下。或許也正在想，老爸為什麼突然說這個？

「這就是觀察力的問題。」我解釋。然後不厭其煩，再說明白：「看到跟別人看到的不一樣，才能想得跟別人不一樣；這就是創作。」

二〇一四年七月五日

去那採石花菜的地方

「我要去那採石花菜的地方。」我如斯問路，意味著我以為海蝕石岸上浪花拍打著的翠綠，就是石花菜。

走近一看，才知道路邊曬著的滿地紅、滿地蒼黃的石花菜，與海岸線上生長著的綠海草，長得完全不同。

「一斤多少？」我問路邊正在整理石花菜的阿婆。她手上正待包裝的，顏色更淡，感覺更淨。

「五百。」她說。

大概是發現我嫌貴的驚訝表情，或者像我這類外來笨蛋見得多了，她不急不徐解釋：「這要潛水下去海底採。今年貨少，價錢較貴。我的，一共漂五遍，紅的曬到黃、漂到乾淨，很費工。」

我不懂。所以沒買。回家上網詢價，真正東北角石花菜，比一斤五百更貴，但中國、越南產的，就便宜多了。瀏覽研究半天，阿婆那幾句簡單解釋，還真把採、製與市場行情概括得真週全，還暗示著石花菜分深海淺海以及品種的差別。最好的品種「鳳羽」，得潛到海底五公尺以下，在湍流中採集。

阿婆這蘊涵豐富的全知詮釋，也和她的石花菜一樣，歷經多次漂洗的簡單扼要、交代清楚。

二〇一四年七月五日，在潮境海岸

燒臘店

仔細閱讀燒臘店的餐牌，想想，還真不簡單。

一共十幾二十個座位的小店，就得採購雞、鴨、豬、鵝、牛⋯各種禽畜。豬肉還分燒肉用的花腩，叉燒用的瘦肉，還有燒排骨，預製的臘腸、潤腸、臘肉。製作方法，也不盡相同；一樣雞，就分油雞、白切，還有蜜炙雞腿。

除了這些剁件佐飯的，還賣麵、炒飯、燴飯、粥。

粥用的魚片、豬肝、蝦球、鮑片、皮蛋等還得另外備上。

燴飯有十種八種；蠔油牛肉用肉片，柱候牛腩卻用牛腩。光一個廣東炒麵，就要蝦仁、魷魚片、豬肉片⋯⋯都得另備，所用的蔬菜是油菜，又和魚片皮蛋湯用的西生菜不同。

醬料幾十種：冰梅醬、油蔥、柱候、沙茶、糖醋云云。

我光想像每天、每星期要採購，就一個頭兩個大，羅列起來，恐怕不下一兩百種。這遠比主賣魯肉飯或日本拉麵的店家複雜太多。就算海產熱炒，也沒它複雜；熱炒有什麼賣什麼，賣完就算，進港式燒臘店要是點不到星洲炒米，必定嫌它遜斃、不道地。

想到要泡好米粉炒星洲炒米，我復想起，燒臘店還得有河粉炒乾炒牛河。少了這關鍵的一味兩味，一定瞧不起它，呸一聲：「冒充港式的台客燒臘店！」

二〇一四年六月二十二日

海公魚食堂

英文網站推薦一家Umichikashokudo的美食。導航到達，附近好幾家食肆，不確定哪一家。繞了一圈，餓了，又回到原點，想說：就這家吧，試試。

我們挑了一家停車場最大的，原因是：看不懂的網路日文介紹上，彷彿和運輸有關。

這家，是周圍最破舊、隨便的一家。但走進店裡，有好多簽名，心想，大概對了。看圖點餐。沒想到，送上來的湯麵，出奇的好！湯頭尤其鮮美。

店名「うみちか食堂」漆在三樓陽台外牆，把手機上的Umichikashokudo幾字問店家核對是否？

正雞同鴨講，廚房出來一位廚師會說華語，真好比救星。這老兄姓徐，媽媽日本人、爸爸中國人。多虧他幫忙，多點了一客服務生原本不准我們點的咖哩豬排飯。「要大辣？中辣？還是甜的咖哩？」經老徐這一問，我才明白服務生為什麼原本限制我們只能點湯麵這一頁。

這間店不在遊客區，貌似貨車司機吃便飯之處，只做本地人生意，服務生不諳英語，不讓我們點太複雜、省卻溝通麻煩。

上綱反覆查「うみちか」什麼意思，推敲良久，うみ好像是「海」，ちか是一種魚、Hypomesus Japonicus。

這種魚，沒中文名字；Hypomesus一屬，中譯「公魚屬」。琢磨著，うみちか食堂，可能可譯作「海公魚食堂」吧。

「你們明天六點以後再來；我六點才上班，方便點餐。」老徐不放心，我們吃完臨走，特別走過來叮嚀。

二〇一四年六月十三日

迴轉壽司

在琉球吃迴轉壽司，當然要吃本地盛產的海葡萄做的軍艦。

女兒不敢吃海葡萄。

我說：「海葡萄是鮑魚的食物。」

她答曰：「那我吃鮑魚就好。」

海葡萄上那一垞像牙白膏狀物，吃起來像日式酸酸的美乃滋。

另三盤分別是超長片蒲燒鰻握壽司、蔥鮪軍艦和三分熟的牛肉握壽司。

我們一行七人，只吃了八千多円，約台幣兩千四百元。

女兒說：「如果台北迴轉壽司也這價錢，我遲到時一定吃飽再上學。」

今天她吃最多，至少二十顆。

乾兒子問我評價，我說：「在雲林吃鮑魚魚翅，再怎麼物美價廉，也沒香港的好吃。」

二〇一四年六月十二日，在グルメ回転寿司市場美浜店

萬里望來的花生

看電視，啃「萬里望」花生。

這包花生是我表弟來台北看我時，問我要帶什麼？我說「萬里望花生」，他大老遠從馬來半島扛一箱送我。

吃了好久，只剩兩包。

「爸～你在吃什麼？」女兒問我。

「花生。」

「給我兩顆。」她吃了兩顆又要兩顆，第一包吃完，她乾脆開了第二包。

「這種花生愈嚼愈香。」她說。

我告訴她：「這種，叫萬里望花生，台灣買不到。」

萬里望是馬來半島華人老城市怡保（Ipoh）附近一個小地方Menglembu譯名。譯得意境真好。

從小，我就認為那裡種很多花生。可是去年問起我爸，他說：「那裡從來沒人種花生。」

我猜想，是品牌吧？

剛剛查了查，才知道「萬里望」是一種製作花生的工法。據說一九四〇年代，有位姓李的先生，從一個叫和豐（Sungai Siput）的地方，買回鮮花生製作出這種愈嚼愈香的花生。方法是：當天採收的帶土鮮花生洗淨，用鹽水煮透，然後在太陽下曬乾，再用不明火的碳爐，花生上覆蓋麻袋烘焙三天。這種花生製成後小小一粒、乾乾硬硬，但就是耐嚼、鹹透、硬香。看起來不起眼，吃起來難停手。

二〇一四年六月二日

家鄉粽

我老娘裹的家鄉粽。用料簡單：油、鹽、五香粉撈過泡透的糯米，綠豆仁、鹹蛋黃、五花肉。

蒸好，用綁綑粽那根繩，繞圈子把長條枕頭粽切成一段段，沾白糖吃。可惜今年我看得到吃不到……

二〇一四年五月三十一日

水餃五十顆

三個餓得半死的人去吃水餃。

「再十分鐘。」老板娘正手忙腳亂準備。

餓鬼們看見對街有一間新開的溫州大餛飩。過去試試、吃止夭。

點了一個紅油抄手、餛飩麵、雞湯、牛肉燴飯、牛肉干巴飯。

先拿一份小菜：豆干、海帶、滷蛋。

「筷子好油，用衛生筷。」餓女兒首先發難。

「醬油膏死鹹。」接著餓兒子尖叫。

雞湯來了，餓兒子又嗆：「像熱開水加香油，鹽跟味精都省了。」

餓女兒去拿皮蛋豆腐：「老板娘，可以換一盤新的嗎？這皮蛋上面發白。」

餓老爸的抄手送來，吃了一口，就不動筷。

餓女兒慢條斯理一根根咬那餛飩麵的麵條。

牛肉燴飯來了，餓兒子崩潰：「像一點點咖哩粉勾芡，完全不是紅燒！」

「相形之下，我的麵還沒那麼悲劇。」餓女兒自我解嘲，然後說：「該不會牛肉燴飯與牛肉干巴，只是容器不同？」

烏鴉嘴！果然，就差在一種裝盤子，另一種裝熱鐵鍋，牛肉勾芡同一鍋，連配菜、油豆腐、荷包蛋通通一樣。

這時送來皮蛋豆腐。飢餓兩兄妹同步反應：「皮蛋豆腐好不好吃，全靠醬油膏⋯⋯」

他們只吃了皮蛋。其餘全各吃一口，埋單走人。

餓兒子很氣，氣得笑笑告訴那大陸妹老板娘：「很難吃，要改進。」

老板娘也很有修養：「我們會改。」

走回原來水餃店，老板娘剛把燙水餃的鍋燒滾。

「五十顆水餃。」

三人慌忙胡亂吃將起來。

「那間店不知能撐多久？」餓女兒白目問。

餓老爸嘴裡嚼著一顆水餃一顆生大蒜，手指頭比一。

「一年？撐不了那麼久吧？頂多三個月！」餓兒子依然憤憤。

「一個月。」餓老爸二話不嚕嗦。

二〇一四年五月十二日

寫菜單的一流文學

小時候看粵菜酒樓經理，在客人訂酒席時，拿出一張紅紙，用毛筆擬菜單，每一道菜一律寫成四字或五字的吉祥語，實在萬分崇拜。

那時，我就認為，寫菜單，是天下第一的文學。

後來又看過一本醬油廠贈閱的食譜，依稀記得有「鹽一撮，醬一瓢」、「金華火腿切細丁」、「鍋蓋一闔數到十」諸如此類詩意敘述做菜，和現時冷冰冰的鹽三公克、醬油十五CC、炆三十秒描述，截然不同。

這意念深植我心。

一直到現在，我還是認為把應用文字寫得活靈活現，十分偉大！

二〇一四年五月八日

極品粽

二〇〇二年端午節，我在當上市公司董事時，精心擘畫包了一款極緻奢侈的肉粽。內容有：燒鴨；滷肉；鮑魚片；元貝；板栗；蓮子；響螺；臘鴨腿肉；潤腸；溏心鹹鴨蛋；金華火腿；花茹；牛肝菌；松露；綠豆仁；……配上當季上好的新屋農改場圓糯，混十分之一紅米、紫米及關山小米。

不過我今年沒打算包。也再也不打算包了。說說而已。

二〇〇八年以後，吃得隨便；花生糯米粽，沾西螺醬油膏，就是人間極品。

二〇一四年五月六日

普洱

「陸叔，我喝了一泡普洱，一喝就肚子痛、拉肚子，這和我在你這裡喝普洱，喝了一直跑廁所，情況一樣嗎？」兒子的好友問我。

「一喝就拉？」我問。像中醫師「望聞問切」斷診一樣問。

「喝了大概三十分鐘就拉。」

「那、那茶有問題，受污染、有受菌，應該是大腸桿菌。」我鐵口直斷。

看他一臉疑惑，我解釋：「普洱茶的製作，無論是熟普的渥堆，或者生普打堆、後發酵，都是利用細菌的生化反應。如果製作不當，譬如渥堆溫度不夠高、沒達到七十度C把雜菌、害菌殺死，就會殘留。仿冒的普洱老茶，特別容易受壞菌污染；因為它都在高溫壓製成茶餅之後，才潑水加料做老。普洱茶幫助消化，是促進腸胃蠕動，使腸道內益生菌增加，至少要三、五小時才會排宿便。一喝三十分鐘就拉，大概只有大腸桿菌做得到。」

大夥沈默一會，我問：「你有沒有拍照片？」

他從手機翻出一張給我看，是「宋聘號」。

「真的宋聘號，一餅行情百萬元以上。肯定是仿冒老茶。宋聘是所謂「號字級」

普洱，生產於一九三七年、八年抗戰前，至今已約有八十年。之後普洱產量稀少，要到一九五〇年代公營中茶雲南公司組建後，才恢復量產。中間有段空窗期，所以號稱六、七十年的老普洱，十之八九是假貨。而且仿冒得違背歷史。」我嚕囌半天，也不管孩子們有沒有興趣。雖然他是金三角異域孤軍後裔，故鄉就是普洱茶產地、茶樹的原鄉，但這歷史對他來說，可能太久遠了些。

二〇一四年四月二十九日

一心五葉

一位芋仔蕃薯公務員、一位挺馬的正台南人，和一位父母都一九四九遷台的挺王的朋友，不約而同，在四月十號隔天來找我泡茶。

大家都欲言又止，相對無言。

我決定沏一壺特別的茶，化解尷尬。

「你們看這茶葉。」泡茶前，我抓一把茶葉，攤給他們看，然後解說：「白芽、翠綠的嫩葉、黃的、紅彤彤的、深褐色的，這叫五色茶，摘一心四葉製作，既有綠茶防癌效果，又有紅茶通血路功能。」

「和桃竹苗東方美人、膨風茶一樣？」我忘了其中哪一位問。

「不同。」我說：「現在全台灣只剩坪林摘一心五葉做五色茶；其他地方五色斑斕的膨風茶，都是拼配的，把個別製作的白芽、綠茶、紅茶拼在一起。」

「應該不是每個茶種，都能拿來這樣做吧？」這一位，對茶內行，知道白芽經不起紅茶重揉重發酵加工法的折騰。

「沒錯！一般軟枝烏龍，耐不了這麼搞。要用白毛猴、黃柑之類實生苗種才行。日治時期，台灣有上百個茶種，如今只清心、金萱翠玉、四季春就佔據總產量九成五。坪林五色茶，算是特定品種、特定工藝。據我所知，除了雲南做普洱茶，全世界就台灣有一心五葉做茶法，而台灣也只有坪林有。」

「這不就國寶、世界文化遺產？」一人用問句讚嘆。

「是啊！坪林土地貧瘠斗峭，坡度六十山壁種茶，無法施肥，所以往往還非有機耕作不可。加上茶園面積小，還保留著大量茶樹種類，可以說是台灣茶樹品種多樣性的基地。」我愈扯愈遠的同時，茶，化解了三人之間的緘默。

二〇一四年四月十一日

用心良苦的菜單

港式茶餐廳牆壁上黑板寫的本週套餐，其實菜單上也有大同小異的。

仔細計算飯湯二合一的折扣，不過約一百五十元減十元。

到底為何非寫不可？我問遍港澳許多店家。大都回答：「從來都這樣，一種習慣……」

今天在台北反而問出名堂，平常只愛賭博不愛說話的老板兼大廚開金口：「幫客人趕快做決定，提高店裡轉檯率；菜單太複雜，難看、難選。」

二〇一四年三月七日

問題食材？

作為一個研究食物的人，從媒體報導判斷，我並不認為鼎王的麻辣鍋有什麼問題。鼎王並沒有宣稱「天然」或「不含化學添加物」。湯頭添加雞湯塊，既是一般餐廳常見做法，雞湯塊本身也是合法食品添加物。至於「中藥粉」，難道研磨成粉末狀的中藥材，就不「天然」嗎？研粉單純只是一般物理性狀的改變，並無化學變化。根據我個人烹飪經驗，粉狀中藥，的確更有利於氣味及藥性的釋出。至於柴魚粉、高鮮味精等等，在適量的範圍內，原本就是安全的食品添加物。

我和鼎王毫無淵源。這件再尋常不過的事情被「爆料」、被媒體全面跟進，我不得不認為「勒索未遂」、「套取秘方」、「同行抹黑」之類的說法，有相當的可信度。

二〇一四年二月二十七日

發明麵筋的人

「活到快五十歲，你還有沒有崇拜的偶像？」早餐吃清粥小菜，女兒沒來由的問。

我猜她想的是她漫漫人生未來。

我迅速在心裡擲一個銅板，毅然回答：「有！」。

其實我的答案，可以是有，或沒有。不過，回答沒有的理由，感覺可能比較說教，所以我選擇說有，方便說故事。

我慢條斯理的吃了一口瓜仔肉，細嚼著高麗菜乾，思考著該怎麼說。半晌，我才嚥下白粥然後說：「我崇拜發明麵筋的人；雖然我不知道他是誰？」

女兒發呆，瞪著盤中麵筋。

「能從白白的麵粉中洗出筋，還知道這筋可以煮、可以吃，這非常不簡單。這個人，一定絕頂聰明；要不然就算他運氣再好，偶然發現，也會以為是麵粉壞了，而不知道那筋可以吃。更妙的是：主食是麵包的外國人，不吃麵筋，反而是吃米的中國人或日本人，發明食用麵筋。從不熟悉的東西中發現發明，由此可見，這人簡直天縱英明！」我一口氣掰了長長一串。

「你是在說故事，沒回答我的問題！」女兒質詢我。

「不！我要說的是：年輕人的偶像崇拜，是憑感覺的；快五十歲的人的崇拜，是因為事、因為理。」回答時我卻突然想到，大部分四、五十歲的人投票，仍然只是跟感覺走。

二〇一四年二月二十五日

雲丹與三聚氰胺

「你那麼愛吃日本料理，會不會想當日本人？」老外看我吃著他厭惡的雲丹，津津有味，無厘頭的這麼問我一句。

我不知道怎麼回答他。

呷了一口溫熱的清酒，夾了一塊旗魚，用筷子抹上一小撮山葵泥，送入嘴裡。心裡想說「洋妞再怎麼前凸後翹、性感辛辣，我還是覺得日本AV女優觀想起來比較有真實感」。然後鬼扯：「說到吃，我還是喜歡當「Chinese」。」

隨即感覺自己有些失言，因為Chinese既可以是廣義的華人、又可以是狹義的中國人，我於是畫蛇添足：「我說的Chinese，當然不是那種發明Melamine（三聚氰胺）奶粉、人造假雞蛋的Chinese。」

三分酒意，我又想到：前幾天，有位食品專家告訴我為什麼會有三聚氰胺奶粉？他說，中國的食品管理，跟全世界不同，全世界都負面表列、不得驗出幾百種有毒有害物質，但中國卻要求奶粉要含多少蛋白質，牛擠出來的奶有時未達標準，於是就加點三聚氰胺，檢驗起來蛋白指數就能達標、至於毒性反正看不出來。

說到底，Chinese還真聰明，總是上有政策、下有對策，只要國家訂出標準，就能鑽出這標準的漏洞。發明假雞蛋的人，聰明才智絕對不在發明試管嬰兒之下。

二〇一四年二月二十一日

食之無味

臉盆盤大碗，盛著碗裡五分之一白粥上桌時，我還沒警覺，到了船形長盤裝著既不油又不黑亮的雲吞麵送來，我恍然大悟，嚴肅的跟女兒說：「我犯了嚴重基本錯誤。」

她板起面孔，一副願聞其詳的模樣。我於是接著說：「我不該在禁售豬肉的伊斯蘭國家的機場，點雲吞麵。乾撈麵少了豬油，怎麼可能好吃？」

她還是板著臉。

我繼續說：「還有第二個錯誤。不該點當地人不熟練的烹飪；如果點的是Laksa咖哩麵，情況應該會好一些……。我顯還沒說到「她」的重點，女兒還是一臉不悅。

我於是問：「你的白粥……還可以吧？」

「就是用水把米粒煮熟……就這樣……」女兒這麼回答。

我於是想到乏善可陳、食之無味……一連串諸如此類的成語。

二〇一四年二月六日

砂糖橘

這小小一顆的「砂糖橘」十分清甜，台灣沒賣。有一次在漢口街X林也看見砂糖橘的牌子，旁邊擺的卻比這大上三五倍、橘皮黃綠相間，號稱是引進台灣種植的砂糖橘，掰得還真頭頭是道。砂糖橘後面的墨鏡，是用來比較大小的。

二〇一四年一月三十日

木須炒麵

電視節目正好說到「木須炒麵」。

我隨口問女兒：「考考你，「木須」是什麼？」

「木耳呀！」我背對著她，但從她語氣中我聽出她面有慍色。

接著她頂我一句：「我覺得你是在問我，胡蘿蔔就是紅蘿蔔之類的ＡＢＣ問題……」

「我覺得好像很多人都不知道木須是什麼…」我訕訕回答，但感覺好像有些不對勁。女兒去洗澡。我趁機查一查，結果木須的確與木耳有關，卻不盡然。木須並非「木耳切成鬚」的縮寫、訛寫。

木須是木樨肉之訛。

清人梁恭辰《北東園筆錄》有段話：「北方店中以雞子炒肉，名木樨肉，蓋取其有碎黃色也」。

現在台北正宗北平館子的木須肉，和梁恭辰說法相去無幾，大致就是豬肉、木耳、雞蛋剁碎混炒。

比擬成木樨，是因為雞蛋色黃而細碎。

木樨就是桂花。

想像一下樹上桂花細碎繁密，就可以知道木樨肉該怎麼炒得黃澄澄、香噴噴。這好像與電視上剛剛那盤切得豪邁的木須炒麵，不太一樣……

二〇一四年一月二十三日

舟山那尾花枝

年貨大街開市，菜市場賣起應節食材：剝剩食指大小的白菜心、專門用來炒臘味的蒜苔、快手燙一下可以做出哇沙米嗆味的衝菜的大芥菜心……，還有一隻五台斤、口感不輸鮑魚的特大花枝之類。

「花枝哪裡的？」我問熟識的海產大盤。這時節，大盤商也親上第一線。

「這尾正舟山群島的。」老闆一臉驕傲：「全台北只有我有，下星期就買不到了。」

「看起來像越南的。」我刺他一刺。

「是很像。越南和東海的花枝，本來就同品種，斑點一樣，只是顏色稍為深淺不同。」老闆答得俐落。

我心想他果然內行。

他看我沒怎麼熱烈的想買，於是指著另一箱：「那邊有波斯灣的，價錢便宜多了；一抓上來就急速冷凍，也很新鮮，可以做沙西米。」

我還是沒表情。

他又說：「本港的，只有「軟匙」，現在連大透抽都是進口的，花枝就算偶爾有幾隻本港的，也都只有兩、三斤，再大的就沒有了。」

我其實還沒打算買年菜，正想要說「下星期再來……」。一位外省口音的老伯大概剛領了兒女的紅包，爽快的問：「那隻、就那隻，給我包起來。」

他指著舟山那尾，我猜想他做墨魚燒肉，打算把墨魚切成一塊塊、切得和五花肉一般厚。

二〇一四年一月二十二日

第一次炒回鍋肉

第一次炒回鍋肉。

原來那麼好炒。

把昨天吃剩的水煮三層肉煸出油，下切片的豆干爆香，豪邁的放兩大匙岡山辣豆瓣，兜勻，下高麗菜、蒜苗，撒點水，蓋上鍋蓋焗一焗，掀蓋，濽醋，拌勻，起鍋。

今天黑醋剛好用完，用甜味的壽司醋代替，帶點甜，更順口。不放心，又撒幾大滴香港人愛用的「喼汁」，有點羅望子的果酸香，更加惹味。

嚴格說來，我做菜沒什麼配方。只要平日對食材多加研究注意，吃過的菜餚，我大概都做得出來。至於調味，我更通常隨興之所至，諸法皆空、自由自在。

每一次做新菜都是探險；每一次探險都會有驚奇——當然，也都有可能失敗。我的最大快樂，卻就在冒險；要我按圖索驥，我寧可去街邊隨便吃碗滷肉飯。

二〇一三年十二月二十五日

粉肝的祕密

「粉肝好好吃！」兒子在麵攤讚嘆。

「粉肝就是脂肪肝！」我這一說，他一臉噁心相，幾乎把剛吃得津津有味的半盤粉肝吐出來。

我於是安慰他：「高級法國料理中的鵝肝醬，其實也是脂肪肝；用玉米強迫灌食，把鵝禁錮著不讓它丁點運動，它的肝就肥大成尋常鵝的一倍大，油脂豐富，粉嫩粉嫩。」

我看我是愈描愈黑。

兒子逕自請老闆埋單：「多少錢？」連剩下的半碗陽春麵都停筷不碰。

我的原意是：路邊攤的粉肝是脂肪肝，你不能接受，昂貴而美味的鵝肝醬也是脂肪肝，你總不得不投降吧？

結果碰一鼻子灰。只好給自己找台階下：「人啊，總要面對事實。」

二〇一三年十二月二十二日

咕咾肉——答問我做法的網友

不是不傳之秘，也不是懶得回答。咕咾肉是廚房的考試，是多種廚藝的綜合運用，首先是肉要炸得外酥內嫩。這其中，有油的選用與多寡還有火候問題，還有肉的部位與泡製還有用什麼粉？怎麼裹麵衣？接下來還有醬汁的調配、酸、甜、鹹的比例、用什麼酸？怎麼個甜法？這又可以說個三天三夜。炸的酥酥的肉和爽脆的蔬菜，如何炒得？什麼不太生，什麼不太熟？預製的手法、先下後下的順序，盡是文章。參透以上諸節，自然炒出一鍋咕咾肉，色香味俱全。

二〇一三年十二月二十日

請客吃飯不容易

「如果有人要請我吃飯，他問你意見，你會怎麼說？」我忽然問起女兒。

「我自己想吃什麼，就跟他說老爸喜歡吃什麼。」她答得還真妙。

「我是指有事情來拜託我、向你打聽，又譬如你交男朋友、他第一次和我見面、要請我吃飯……」我打破沙鍋問到底。

女兒很淡定的回答：「那就吃好一點，牛排、日本料理或龍鮑翅，反正當時我自己想吃什麼、就說什麼。」

我覺得我應該告訴她、為何有此一問：「我剛在想，我到底喜歡吃什麼？我好像只要好吃的都喜歡、沒吃過的就想吃吃看，喜新厭舊、見一個愛一個，有時卻又想起很久很久以前吃過的某種口味、十分念舊……」

我突然想到「請客吃飯」的公關功夫還真難。向他週邊最親近的人打聽，得到的可能只是他老婆、小孩、秘書、助理、女朋友替自己想的答案，或自以為是的揣測。更深一層想，有些人的喜好往往隨著天氣、心情變幻；人心，真難！

二〇一三年十二月七日

辣椒醬欠一罐

南北行老闆娘和我熱烈討論那天我送她那罐Sambal辣醬：「要兌醬油稀釋五倍比較剛好；一打開瓶蓋，我老公就被嗆到了。」她硬塞一罐私藏豆腐乳送我，繼續追問：「你用什麼辣椒？魔鬼椒嗎？」

「沒錯！但今年的魔鬼椒特別辣，外表卻很醜、乾癟癟的；可能是寒流來得早，而且乾冷。」我說得興高彩烈，買了香菇，忘了要買的另一樣是什麼。我逕自往店裡深處走去，喃喃自語：「到底要買什麼？」

南北行的歐巴桑阿姨找我說話：「你沒說，我不知道你要買什麼。」

我覺得她有點故意逗我。到了雜貨店忘了要買什麼的，我應該不是唯一一個。

「對了！酸菜白肉鍋的沾醬，南乳、韮菜花醬……」我忽地想起。

「沒賣！」她說：「這種外省覓仔，要去南門市場才有。」

我不死心走到醬料櫃碰運氣，她白我一眼，沒好氣的跟我說：「你不會自己做嗎？你不是什麼都很會做！」

回家路上，我琢磨著那歐巴桑到底幹嘛？「你真笨！歐巴桑的意思是你送頭家娘辣椒醬、但沒送她！」我那從小在這菜市場廝混長大的兒子，二話不嚕囌三秒鐘就解開我心中的疑惑。

二〇一三年十一月二十九日

蚵爹

「我真的無法理解，蚵爹是好吃，但有好吃到你可以連續一個禮拜當早餐的地步嗎？」女兒從一大早出門上學，一直納悶到傍晚放學回家，向我提出她的質疑。

「你不懂。這是一種古早的、鄉下的美味。」回答她時，我心中懸念的是雲林海口用「海豬肉」做的、外形跟蚵爹一模一樣的炸麵糊。

我看她依然一臉問號，顯然還是不解，想想、繼續說：「外面炸得香酥，裡面鮮嫩的蚵仔混合清爽的韮菜，這是一種藝術的張力！」

女兒是學美術的。看她的表情，應該勉強接受了我對蚵爹浮誇的詮釋。

二〇一三年十一月二十六日

Sambal醬

公佈Sambal醬炒法：

辣椒（至少兩種）、紅蔥頭、蒜頭、薑，全部打成泥。用花生油（當然要用純正的）爆香蝦醬（我今天用李錦記的）和糖。下打好的泥，加鹽巴調味，炒到收乾出油。要炒差不多一小時。油要多。

二〇一三年十一月二十六日

買賣相長

買了辣椒、魔鬼椒、紅蔥頭、蒜頭、薑，下定決心要炒好一鍋Sambal醬。

繞到雜貨店，買蝦醬、花生油。老闆娘問我：「要煮什麼？」

「炒馬來辣椒醬。」我回答。

我看她一面饞樣，就說：「炒好送一罐請你。」

「那我出花生油。」她說。

「花生油我買好了。」

「那……我就吃好了……」菜市場的交情，就這麼來的。有道是「教學相長」，這裡是「買賣相長」；不會煮的，問老闆，煮得拿手的，就向老闆炫耀。

二〇一三年十一月二十六日

撕的比切的好吃

原訂下午三點的行程，因被爽約臨時取消，為了平熄我一肚子怒火，開始買菜、切菜、洗菜、煮晚飯。

乾兒子在旁看閒著也閒著，突然心血來潮：「我也要學煮菜。」

「你想學煮什麼？」我隨口一問。

「紅燒牛腩。」他說。

「入門學這太難。另外挑一道。」我心想，十指不沾陽春水的少爺，要學做菜，總得先從簡單的開始吧？

「咕咾肉。」他又說。

「這更難！」我說。

「我要學做我愛吃的呀！」他說：「你把配方寫給我，我不就會了。」

我一邊用手撕高麗菜，一邊碎碎唸：「紅燒牛肉，要先爆炒，油要熱等什麼火候才下牛腩、怎麼加醬爆炒、牛腩炆多久、何時下紅白蘿蔔……每個環節都講究。給了你配方，先後順序、時間長短失了分寸，做出來還是不一樣。」

他靜靜的聽。

我於是趁機再唸兩句：「很多事，不是上網查一查就會的。網上菜餚配方很多、都是公開的，但不跟著看師父怎麼拿捏、不親自動手試試，就算勉強做出個樣子，還是中看不中吃。」

「對呀！高麗菜你怎麼不用刀切、要用手撕？」他突然有此一問；好像領略了我剛說的話。

我笑笑、神秘兮兮回答：「撕的比切的好吃；細節就是秘訣！」

二〇一三年十一月二十一日

這顆木瓜今天可以吃

「老闆，幫我挑顆今天可以吃的木瓜。」

不知從什麼時候開始，養成買水果的這種習慣；如果沒今天能吃的，就明天再買。這或許是住在菜市場邊的特權吧。

老闆也習慣了我這類性急的客人。總是耐心邊挑邊說：「挑蒂頭旁肩部有點軟的，就算熟了；不過不能只挑現吃，還要挑好的，肚子飽滿表示熟成度夠。」他孜孜不倦對我說了不下幾十遍，我就是愛拜託他挑。

我心裡可能潛藏著一個邪惡的念頭：他挑的如有閃失，隔天我就能奚落他：「星期天那顆壞了」、「你挑的不甜」、「那顆也沒熟呀」諸如此類。沒要他賠，但說這幾句或許能鞭策他下次更盡心。

從前買水果，總要回家擺上幾天才能吃。釋迦、芒果藏在米缸；木瓜、香蕉供在祖先桌。

小時候，期待心切，一天總會看它、摸它好幾回。甚至趁人不注意，捏它、揉它，看它會不會熟得更快；結果當然被按到爛了，剖時馬上此地無銀三百兩辯解：「這顆壞了；那水果攤老闆不老實。」

最後會有一天，早餐時父親鄭重宣佈：「這顆木瓜今晚可以吃，傍晚早點回來。」整個過程，有點像宗教儀式。一種順應自然的宗教。

現在總太急了。今天買的想今天吃。夏天就急著吃冬天的水果。急的結果，有可能造成水果進口，也可能造就品種改良⋯凡此種種忤逆天時的舉止。我有時會想：這是人對待食物的正確方法嗎？

二〇一三年十一月十日

CNS與食安

台灣的食品安全，根本問題，出在CNS的訂定上。（CNS，是中華民國國家標準、Chinese National Standards的英文縮寫）

譬如最近鬧上新聞的「速釀醬油」，事實上，其工法明訂於CNS當中，可以視為國家認可。

另舉一個還沒爆發的例子：所謂的蜂蜜，按CNS標準，包括「蜂蜜」、「花蜜蜂蜜」（直接取自植物）及「蜜露蜂蜜」（來自非蜜蜂、其他昆蟲吸吮植物排出的甜味物質）三種，都是「法律允許標示的蜂蜜（honey）」。

類似的例子，還很多。我不想危言聳聽繼續舉例。

要真正解決台灣的食品安全問題，就要從根本對CNS制度作全面、徹底的科學檢討。

當初胡亂訂定這些食品標準的公務員或學者專家，通通該死！

二〇一三年十月二十九日

龍眼

「這時候的龍眼能吃嗎？」我在水果攤前下計程車，司機阿伯瞄到攤上擺賣的龍眼，忽然一句。

「對呀！龍眼不都中元普渡才大出……」我匆匆付錢下車，納悶著是否又地球暖化的病兆？

清涼的秋風吹來。我忍不住開口問水果攤老闆：「怎麼現在有龍眼？好吃嗎？」

「十月龍眼，新品種，又大又甜！」老闆隨手拔一顆，剝殼請我，果然。

回家查文獻，原來這品種就真叫「十月龍眼」，與七、八月大出的粉殼、紅殼不同，是台灣最晚生的品種。

過去龍眼通常是農家點綴的副作，種的少，如今為了養蜂採蜜，就十月龍眼也變成專作。

我忽然想念起一位老朋友的詩：鄉下阿婆路邊賣龍眼，希望客人買一把帶回台北吃，把籽吐個滿地，代替阿婆她在都市的茫茫人海中，探望到台北打拼、很久沒回家的兒子。

二〇一三年十月二十七日

百花蜜

試了「玉荷包」和「龍眼」兩款蜂蜜。

我買了六公斤龍眼蜜，原因是原蜜入口油潤。

玉荷包是荔枝蜜，雖然很香，但滋潤略差一截。

買蜂蜜時，我不太相信兌過水的蜜茶，總要求老板給我沾一小口原蜜，這才能試出它的「油度」、以辨真偽。

埋完單又試了一口「百花蜜」。

「百花蜜的特色，就是年年口味不同。」老板娘說。

「今年在哪放蜂採的？」我問。

「大園。」老板答。

「幾月？」我又問。

「夏天、最熱那時候。」我猜想，應該是大園隔壁觀音鄉的蓮花香吧！

二〇一三年十月十三日

烤鴨

每次吃烤鴨都想起十二年前女兒四歲的時候，某一天要到大安路粵香園隔壁吃烤鴨。結果烤鴨店關門大吉，改裝成賣濟州豆腐鍋。

女兒可能因此從此拒絕吃豆腐。

剛問起她這事，她說：「不知道為什麼這事我就記得特別清楚。」

其實不只吃烤鴨時，有時經過大安路，她也會憤憤說及此事。

不過我想她早忘了，那天吃不到烤鴨，她是怎麼一把鼻涕一把眼淚在大街上嚎啕哭鬧。我說帶她去吃另一家烤鴨（可能就是今天吃的真北平吧？我記不清了……），只有半個我高的她、用哀怨的眼神抬頭看著我、堅決的說：「不！」

二〇一三年十月六日

真北平

吃完烤鴨兩吃和酸菜白肉鍋，走到店門口把「真北平」黑底金字招牌拍照留存。

北平二字如今格外突兀。

只有在蔣介石北伐成功定都南京、迄至一九四九年傅作義開城投共的短短不到三十年，以此為名。

或許，這代表著中國、也代表著台灣某一族群的一個世代。

更引我注目的是題匾的「戊寅」，和落款的「宋文烺」。

掐指一算，戊寅是一九三八或一九九八；一九三八年國民黨尚未遷台、一九九八年已是真北平原址中華商場拆除的一九九二年的六年之後。想來這塊匾，應該是搬家之後、在一九九八年後題。

宋文烺這名字，因為罕見的「烺」字，感覺似曾相識。打電話問了幾位老饕先生，宋文烺是北平稻香村老闆。猜測真北平和稻香村應該有什麼淵源。

宋文烺和對面天然臺湘菜的老闆彭雲高一樣，除了開餐廳，字也寫得好。

那一代人既開餐廳、又能寫字畫畫，彷彿暗示著什麼精彩劇情。

我突然想起，重慶南路街邊鞋匠、有一天被找上陽明山中山樓遞補國大代表之類大時代的荒謬。

二〇一三年十月六日

杆仔

走遍濱江市場，一共才找到八根台灣蘿蔔。
它俗稱「杆仔」，美其名「白玉」，夏天生的白蘿蔔，原是台灣庶民家常美味，如今在菜市地位，卻被貌似日本關白大根、皮帶淡青色的中國白蘿蔔乞丐趕廟公。
阿扁執政時開放一千七百項中國產品進口，是我討厭他的理由。

二〇一三年十月三日

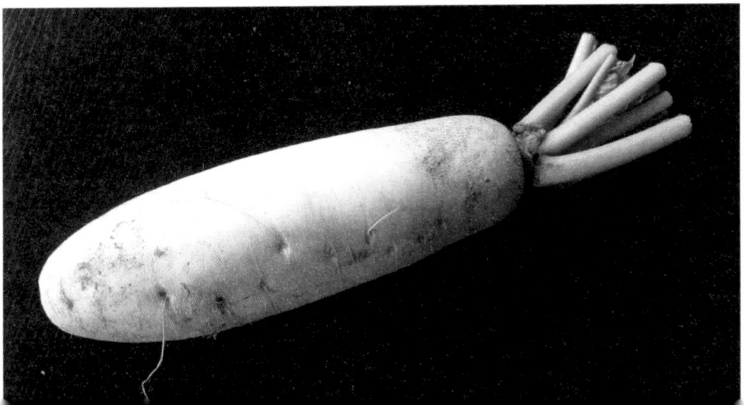

鑊氣

「到底什麼是鑊氣？」

我在評論一家私房菜的功夫時，想不出如何形容它色香味俱全、卻缺了什麼，廣東話「鑊氣」脫口而出，引來聽者如此一問。

我心裡瞬間翻轉十幾種解釋，卻感覺都欠周延。

一時辭窮，只好說：「我帶你去吃一家牛肉炒麵，你就明白了。」

午後會議結束，刻意繞道民生社區，到街巷裡一家五、六坪的擁擠小店。各點一碟牛肉炒麵、一碗牛雜湯，默默吃了。

「我吃第一口，就眼睛發亮。」說話的人，昨晚徹夜未眠；接著他又說：「可是我看他們在半坪小廚房裡用快速爐炒，就這麼在鍋裡翻炒、也沒用鍋蓋燜，沒什麼特別的，怎麼牛肉味就進到了油麵裡、而且吃起來一點都不油？」

我還是辭窮。打馬虎眼、裝神秘：「這就是鑊氣的秘密。」

二〇一三年九月十四日

上海浮水魚丸

「這是上海浮水魚丸。以前不像現在從冰庫裡拿出來，泡在水桶裡，全浮在水面；吃起來像豆腐般綿細。」我一邊說給兒子聽，一邊買了兩包浮水魚丸和兩盒手工魚餃，三百二十元。

拐個彎，想買牛肉丸，常買的那裡沒人在。隔壁攤我通常買牛肉片、沙茶醬那家的老闆走過來：「牛肉丸我也有，我的是冰凍的，比冷藏的好。」我買了一斤三百二十元試試。

加上剛買的湯圓李媽的燕餃三包四百五十元，全都是丸與餃。

「下星期找一天涼快點的，吃火鍋吧。」我只好順應自己愛亂買，給自己找台階下，這麼告訴兒子。

二〇一三年八月二十四日

湯圓老舖

順道走進南門市場地下室，往熟悉的角落一瞄，我習慣買湯圓的老舖，竟然重新裝潢改賣熟食。

走近一看，人也換了。硬著頭皮怯怯問：「那賣湯圓的婆婆……」

「她退休了。」新店家答得明快。

我驚魂甫定；剛還以為，上次見著湯圓婆婆時她像罹患重度憂鬱症喋喋不休，這次沒見到，或許是走了。

「我這還有賣…李媽做的燕餃，一包一百五十。」新店家說。

「我要四包。」心想四包六百正好是我上衣口袋裡零鈔的數。她叫女兒到樓上冰庫拿。

我知道婆婆健在、又向新店家買了東西，放膽問了：「你說那婆婆姓……」

「姓李。李媽。」我這才從新店家口中得知我買了幾十年湯圓的婆婆姓李。

「只剩三包。」女兒走回來告訴她媽，她媽轉頭問我：「可以嗎？」

「好！」

「你如果要買湯圓……」新店家還真會做生意。

「要預定？」我心想理當如此於是打斷她的話插嘴。

「李媽每天早上還是會來舖裡坐坐。」原來她要說的是這。

「代我向她問好。」

「您貴姓？」「我姓陸；大陸的陸。」我想李媽肯定沒印象哪個姓陸，就像我今天才知道她姓李，不過有老客戶惦念著問候她，她應該會快樂的一笑。

二〇一三年八月二十四日

花茶

遠在廈門的朋友，問我對「花茶」的看法。她說的，不是香花窨茶，如茉莉香片之類，指的是玫瑰花等花朵乾燥後沖泡飲用。

我對「花朵茶」素無研究；沒太多興趣，也懶得深入。朋友來了，我只好漫談：「花與葉，對植物來說，是不同作用的器官。花是繁殖的器官、誘惑的器官。葉是進行光合作用、維持植物的器官。花是香的、美的。葉子的內含，有碳水化合物、有糖、有蛋白質、有芳香成分，複雜得多。所以花只宜低溫泡、用密度高的瓷或玻璃泡，我猜想，因為芳香成分一般揮發性強。葉因為成分複雜、在水中釋出有效成分的機制複雜，所以相應的沖泡方式變化多端。」說完，自覺有一種葉子vs.花的傲慢。

二〇一三年八月二十四日

韮菜花菜脯丁炒豆干

大蒜拍碎剁細。

韮菜花切寸長，洗淨瀝乾。

小豆干一塊切八片，每片再對切。泡水三遍至雜味去淨，瀝乾。

菜脯丁泡水三遍去鹹味，瀝乾。空鍋中火將菜脯丁炒至乾透、微黃微香，起鍋。

起油鍋，豆干爆至微焦起鍋。

鍋子洗淨、燒乾，下淨油。

油熱下蒜末爆香，下菜脯丁，撒一把糖，炒至焦糖香，再下豆干，下鹽、味精拌透，再下韮菜花，濽紅露酒、濽醬油，拌勻，蓋上鍋蓋，一數到十，開蓋裝盤上桌。

雖然一道小炒，工序細毫不能馬虎。

二〇一三年八月二十一日

椰子

「還有沒有椰子？」

「明天吧。」武鈍的女老闆站在一堆空椰殼間回答我。

她正用大竹簍收拾著那幾十顆椰殼。我仔細瞄著計算，兩棵椰大約可以裝一千cc的保特瓶，一瓶賣一百元。如果今天她用肌肉結實、孔武有力的手，剖五十顆賣掉，收入是兩千五百元；在台北椰價每斤十元上下的時候，扣掉一顆產地成本約二十元共一千元，一天賺一千五百元。

但剖五十顆十分費勁。我一顆也剖不動。剩下來的五十顆空殼極佔位，得用十口大竹簍裝，還有我不好意思問她的：「怎麼搬走？」

用「武鈍」形容一個女人，她肯定不會高興。但我是真心佩服她的。

二〇一三年七月二十八日

黑矖油

馬來半島的唐人菜，專愛重用黑矖油。

海南雞飯桌上擺一瓶黑矖油。福建麵用黑矖油炒得烏黑亮麗。廣東菜鹹魚花腩黑得像滷肉。潮州滷鴨像印度阿三一般膚色。客家老鼠粉拌得黑黑的一碗。

黑矖油是一種醬色。不鹹、不甜，微苦，略有焦香。

偶而加點黑矖油，加重視覺效果，畫龍點睛。但樣樣都加，就感覺畫蛇添足，搶了本味。

不過回頭又想想，這或許就是馬來半島唐人菜的獨特風味。興許哪一天，就像變形得怪怪的「娘惹菜」一樣，成為一種特色。

二〇一三年七月十六日

椰漿飯

終於如願以償，吃到睽違已久的Nasir Lemak。

Lemak是油脂；Nasi是米飯；直譯「油脂飯」。

所用的油脂，是椰漿，所以通常叫「椰漿飯」。

但油脂或椰漿並非重點。精彩的是淋在上頭佐飯的辣醬；紅紅辣辣的，用洋蔥、江魚仔加辣椒炒成。

通常還配幾片黃瓜。或又加幾粒油炸花生米小魚乾。

從前都用蕉葉包，再外裹舊報紙一張。

我今天一償宿願，奢侈的加點一顆炸得焦香的荷包蛋，外加一份Rendang牛肉，要價折台幣五十元。

Rendang是一種馬來風味的咖喱，燒得半乾半濕，濃稠入味。所用的牛肉，還得用肉夠老、硬的放養印度牛；太過肥嫩的澳洲牛，用這燒法，一煮就散成肉茸。

二〇一三年七月三日

知高飯

「兩碗知高飯；肉要肥的。」自從十幾天前吃了很乏味的知高飯，我就天天念著這家；我一進門就大聲嚷嚷。

「今天沒什麼肥肉。」一位新來的店員冷冷回答。

端過來，碗裡只一小角帶皮肥肉，其餘都是柴柴的瘦肉。柴得我第一次沒把這家知高飯的肉吃完。

我心有不甘的走到滷桶一看，幾塊肥滋滋的肥肉在滷汁上飄盪，我一整個火起來。剛好老闆娘走來，我問：「那員工是剛來的嗎？」

「你好！我也認不出你……」老闆娘企圖蒙混過關、裝不熟。

「你們滷桶還擺在店門口時代，我就常來。那時你婆婆還偶爾會來店裡。」我這麼一說，看她怎賴？

她只好老實說：「她剛來一個月……」

「怎麼可以騙我沒肥肉？我今天是第一次沒把你們的東西吃得碗底朝天！」我不吐不快；因為我以後還是會來。

她看著我兒子說：「看到你，我就會認；你老爸，我都認不出來。」

真鬼扯。我來吃時，兒子還在上國小。

「下次你們覺得肉不合意，只要還沒動筷子，都可以換。」老闆娘始終說了句我聽了爽的。

「再見啦！記得改天我要肥肉。」我以勝利的姿態揚長而去。

二〇一三年六月二十八日

咖啡裡的茶氣

晚飯後竟然想喝杯咖啡；我平常是喝茶的。

乾兒子引我散步到永康街附近巷子裡一家明窗淨几的咖啡廳。「要脫鞋。」他說。

把我們帶到這的原因，是因為他有位學妹住附近，他曾經送東西來、等待時坐過一會。

「你也學會在這城裡逐水草而居，每交一個女朋友，就熟悉一個社區。」我揶揄他。

「學一半。只是在追，沒交到。」他自我解嘲。

我點了一杯熱情的服務生推薦的Kopi Lawak麝香貓咖啡。

沖泡前，服務生把剛磨好的咖啡，拿來給我聞。

第一遍是一種不屬於咖啡的香，「真就像中藥材麝香的竄。」我說。

再聞，「咖啡的香慢慢透出來了。」我把咖啡當茶品。

「內行！」服務生拍我馬屁。

我一臉誠懇、至少我自以為如此，說：「我真的完全不懂咖啡。」

等咖啡的時候，乾兒子說：「我上次來之前，喝了很多酒。我點花茶；根本不知道這裡有賣那麼多種好咖啡。」

他點的咖啡酒最先送來。奶香、咖啡香濃郁，就是喝不出酒味。

這店電訊很糟。三G沒格，連手機也沒訊號。

「這樣也好。」我把手機擱在一旁：「平常大家都自顧自的玩手機，今天正好專心喝咖啡、專心聊天。」

我的咖啡來了。的確是一杯好咖啡。「像好茶一樣有茶氣。」我讚嘆。感覺背上一陣熱，不曉得是心理作用？還是天氣太熱？

心想：如果麝香貓咖啡有「茶氣」，那麼，或許可以推想茶氣的奧祕來自發酵。

二〇一三年六月二十一日

半甜半鹹粽

我最愛吃的粽子，是一種詭異的潮州粽；淨用白糯米，一半包甜豆沙，另一半包抹鹽的五花肉。

這包法，據說是潮州獨有。

但依我看，好像是我外婆家獨有；跑遍台、港、暹羅、星洲潮州人聚居處，好像都沒見過。

外婆是汕頭澄海人；澄海舊時似是汕頭毗鄰的一個海島或半島。

我猜這口味是外婆家鄉獨有，或只有她家獨有。

這粽包起來麻煩，既要備製豆沙，又要防著豆沙和肥油混到一起。

吃起來，沒吃過的人一時很難適應，又甜又鹹，非甜非鹹，甜中帶鹹、鹹中帶甜，完全不符合刻板印象的期待。

外婆的孫輩中，大概好像只有我家，保存了製作這半甜半鹹粽的麻煩習慣。這點，我總覺得洋洋自得。

二〇一三年六月十日

毒瀨粉

和麵攤老闆阿來聊起毒瀨粉。

「一吃進嘴裡，就知道。」我有點得意洋洋。只要一咬到滑口、彈牙到不太自然的麵條，我就如此認定，自覺是獨門功夫。

年輕時曾是四星大飯店廚師的阿來，更神，他說：「我用看的就知道。」他進一步解釋，只要麵條冰過還是Q的、煮過擺久不會糊等等不屬於麵粉製品自然現象，大多就是以添加太白粉之類為名，添加了「修飾」瀨粉。

「瀨粉要什麼修飾？」他說：「麵粉有麵粉的特性，做成包子就該像包子，做成麵條就該像麵條。」頗有「吃飯就吃飯，睡覺就睡覺」的禪宗意味。

「或許是我們對食物，有不該有的期待，所以才這麼多修飾。」我說：「譬如麻糬，本來就該當天做當天吃，不能冰；偏要冰過夜還不變硬，也就只好用修飾瀨粉了。」

二〇一三年六月二日

原食主義

五年前，我家點心舖剛開幕時，我就提出「原食」的主張。

當時，還沒發生「塑化劑」、「毒澱粉」之類食品安全事件。一家熟識的供貨商，看到我們賣的「北京點心」主要是豆沙、看到我們在廚房裡用炒菜鍋炒豆沙炒得滿頭大汗，好心送我們一包買便的豆沙，幫助我們節省人工。

這包「豆沙」，我們沒用，擺在室溫環境下、歷經一年，始終不變不壞。

當時我們只是不想用含防腐劑的東西，所以沒用，但真沒想到它的防腐效果還真好——吃進肚子裡，又會如何？

因為拒絕使用含防腐劑的半成品，我們在防腐上吃盡苦頭。

早期，好友買了我們的北京點心帶回上海，一下飛機，就酸了。最後經過長達一、二年的時間長期摸索，才慢慢找出利用低溫、真空等物理方法防腐。

我們堅持，豆沙從磨豆子開始做起。

繁複的工序，也經過了很長的時間，透過工具的改進，慢慢找出省時省力的方法。我們很早就了解到，半成品中的防腐劑、抗氧化劑、發泡劑、色素、糖精、味精…等林林種種的食品添加劑有問題，而唯一的對策，就是「原食」、從天然食材開始親手加工。

有一段時間，店裡賣起「肉骨茶」，用骨、肉、中藥熬煮，成本實在很高。有朋友建議我們，用大骨精、味精加點當歸精之類，成本便宜多了。我們算了一算，成本相差五倍——市售大部分的拉麵湯頭，其實都採取這種方法。考慮再三，我們沒敢這麼做，最後，在豬肉、中藥材成本狂飆的情況下，不敷成本，我們只好忍痛停售肉骨茶，很多好友、包括我們的法律顧問，都引以為憾！

原食的主張，其實不僅止於從天然食材親手做起，這理念還應該衍生到「在地食」、「當季食」，吃本地的、當季的食物，更進一步，還可以衍生到不用生長激素、少用化肥農藥的農產品，少用抗生素、生長激素的肉類等等。

在我看來，深入了解食材，在用料上把關，本來就是每一家賣吃的應盡的本份。

這樣的堅持，最現實的難題就是成本變高，但真沒辦法，一分錢一分貨。

二〇一三年五月二十九日

松阪

「老闆，那一塊幾條肋排，幫我剁一剁，要煮湯的，等下過來拿」經過豬肉攤時，人好多，我站得遠遠的，大聲告訴老闆。

然後送衣服去洗。

吃早餐。拎了兩大袋洗好的衣服回來，回到豬肉攤拿肉。

「有沒有肝鏈？」兒子問；盯著另一塊掛著的肉，一臉饞相。「肝鏈賣掉了。這塊二層肉，是最軟的肉。」老闆指著兒子盯著的那塊肉回答。

他目色真好。

「順便包起來。」我說。

回家把衣服、肉擺下，再出門買菜、買魚。

回程第三次經過豬肉攤。接近中午，閒了。我看見攤子上掛著半塊、一小角松阪，先前沒看到。

「我剛剛閒下來切出來的」老闆留意到我的眼神，他說：「這塊送給你」。

「這塊肉，一定特別好吃。」我就不客氣收下、這麼謝謝老闆。

二〇一三年四月二十七日

蚵仔煎

「一碗滷肉飯、兩顆荷包蛋不要熟、一碗蚵仔湯」招牌上蚵仔煎三個大字，我一進店卻這麼點。

鐵板前滿身大汗的老闆抬頭看我：「好久不見！」

從前我經常港澳飛來飛去，每次回家，都先到這吃碗滷肉飯；有時還拖著行李。那一陣子，是小老闆掌廚。連女朋友也到店裡幫忙。這似乎是老闆的心願。打從他兒子長足一百七十公分，老闆就常說：「過兩年，就可以交給他了」。這家經常要排隊才吃得到的蚵仔煎名店，也的確交棒了一陣；換了招牌、印了新菜單，還製作了一個部落格，最重要的，是不惜重金買了一台五噸大冷氣、替代那用了十幾年的絕版半噸窗形機。

我大概至少有半年沒來了。主要的原因，是這一、兩年來，晚開早關，營業時間不太固定。

我沒特別打聽，但有一天在對街買雞肉飯時，聽說又換回老老闆掌廚、老老闆娘跑堂。

今天突然想吃晚春的蚵仔。

歐洲認為名稱中er結尾的月份，生蠔最好，不肥不瘦。台灣蚵，體型小，一般推崇夏天六、七、八月繁殖季的。我卻獨鍾繁殖季肥大之前晚春的蚵，感覺是一種綻放前內斂的飽滿。

我把碗裡最後一顆個頭小、卻渾圓如珍珠的蚵仔嘛進嘴裡時，感覺老闆翻著蚵仔煎、似乎望著我，隱約在說：「出去吃頭路，賺沒店裡四分之一…少年仔，吃不了苦」。

這時我想起一家熱炒路邊攤，前陣子換小老闆當家。老老闆把兒子介紹給我認識，他擦乾淨手上的油、和我握手；我一摸就知道是沒握慣鍋鏟、菜刀，不長繭的手。這兒子約莫四十，他爸說：「外面生意不好做，不如這路邊攤。」

想到這裡，我埋單離開時，跟蚵仔煎老闆說：「出去闖幾年，或許就覺得家裡好」。

他有點茫然的苦苦一笑。

二〇一三年四月二十三日

裂開的白蘿蔔

差點忘了買白蘿蔔；還好沒走出菜市場。

懶得折回去熟識的菜攤，就在這轉角處隨便買兩根；反正只是紅燒牛肉的配角，

反正現在這大出的季節、白蘿蔔都差不到哪。

這攤只有七、八根白蘿蔔。我挑了兩根大的，嫌兩句：「都裂開了。」

「裂開的好；裂開的不會空心。」老闆一臉誠懇、彷彿傳授我江湖秘訣。

我反正嫌著好玩，不怎麼在意，付錢走人。

才沒五步路，聽見背後又有客人向他買白蘿蔔。這客人嫌剩下的幾根都太小。

「小的好。小的不會裂開；裂開的裡面會有土，難洗。」老闆還是很有誠意的耐心解釋。

我佩服。我不生氣。

二〇一三年四月二十日

阿滿姨的陽春麵

阿滿姨煮好我的陽春麵，淋上蔥油、醬油膏，灼一大把豆菜覆上，躊躇一下，再一瓢蔥油。

「我如果心臟病，那一定是你害的」我調侃她。

她的蔥油都是自己炸的。挑肥大芽小的紅蔥頭，去皮橫切薄片，用煸出來的豬油酥炸，真香！

她知道我獨鍾此味，所以自動幫我淋雙份；反正，她不加，我也會自己加。

到她的麵攤吃乾麵，是我的娛樂。邊吃，邊納涼，沈悶的心情，就這樣輕鬆起來。

「這是正尖仔」她切了一片鎖管請我吃。

鎖管科或稱槍鯨科（Loliginidae）有許多品種，大小不一，肉質口感不同；不長不短、肉厚而甜的尖仔，可能是最鮮美的。

「好像是東北角的」我搭腔。

「你怎知道？我在基隆找到這一間……」她愈說愈興高彩烈，亢奮到說：「我都想叫我兒子別當職業軍人，回來菜市場賣這個……」

「千萬不要」我說：「他當兵二十五年才五十，有退休金、看病不用花錢，水電還半價，我們吃老，還要靠自己拖老命養自己」。

把剩下最後一口麵吞下，「還有一點」我說：「做生意，現錢多，花習慣了，就老來窮」。

二〇一三年四月十九日

蓮霧怎麼挑

「蓮霧怎麼挑？」和乾兒子忙碌一下午，在麵攤吃飽，散步到水果店，他問我。

我看著大西瓜發楞。

今天熱，吃西瓜好，但連綿十來日的雨，讓我猶豫它甜不甜？

「小時候外婆說要挑紅的、有蟲咬的，才甜」他開始挑起蓮霧。

和西瓜一樣，我擔心雨水使蓮霧不甜。更何現在不是冬天、不是蓮霧的季節。三月以後的晚生蓮霧，是近幾年才出現的新品種。

「我都挑屁股開花的，那才夠熟、夠甜。」我這麼跟他說；印象中，蓮霧好像是花托發育而成的，屁股夾得緊，表示不夠熟，熟了就撐開。

走回家的路上，都在聊蓮霧。各家挑水果，各自有秘訣。紅，倒是共通標準；我認為那是日照充足的結果，但到底是否如此？我也不確定。剛剛咬了一口，這蓮霧，還真甜！

二〇一三年四月十八日

菜頭

四月過半，四處仍在擺賣白蘿蔔。

感覺似乎晚了、過了清明。印象中的時節，應是早春；醃漬味噌蘿蔔，或者用菜頭蘡做雪裡紅，指尖的感覺是冰冷的。

大出時候的菜頭，來不及清洗就賣。皮上有沾滿紅泥的，也有灰砂或黑土的。幾乎每個菜攤都擺一堆，老客戶就半賣半送。也有批個好幾大件專賣，甚至從產地載一整車來台北拼價錢。

這時候不會有肩色泛綠、直筒腰、長長的「大根」。我原以為它來自日本，早年也可能確實是，但大約二〇〇七年政局紛亂中開放一千七百項大陸產品，這種大陸外銷日本的白蘿蔔趁亂登台。從此產季之外，其他時候儘是大陸蘿蔔天下，就跟碩大卻乏味的煙台白菜一般，匪諜到了腸胃裡。

台灣本土現在主流的菜頭，是削肩、大屁股的「梅花」。我偏愛的卻是一月間早出的冬季品種「杆仔」；小小一根，巴掌長短，形狀像釘死吸血鬼用的小木樁。細緻的大屁股，味勝柴柴的大根。但杆仔更清甜細嫩，還有一股微微辛香，故且就稱之「菜頭味」。

少了這味，一整鍋菜頭排骨或者貢丸蘿蔔湯，就略嫌肉味太膩；想想，它的奇效，只能用「畫龍點睛」形容。

不知道為什麼杆仔蘿蔔現在少了？猜測應該是體型小、賣相差，又或產單位面積產值不高。我有點迷信一種道理：一分地種出一百斤菜，一定沒有只種出六十斤的好吃；理由是一樣的「地力」，平均分配每一株，生產斤數多的，每顆分配到的養分就減少，只是硬憑化肥催大。

這時候，我相信小而美，小而飽滿盈實。

二〇一三年四月十八日

抗寂寞湯

今天的「軟肋白蘿蔔湯」剛燒開就肉香四溢。連廚房外茶桌上都清晰可聞，淹沒陳年鐵觀音茶香。

我想，是因為興之所至、加了一塊「肝鐮肉」一起煮的緣故。

另外，還手賤丟了兩顆干貝。

慢火燉它半個時辰，加點鹽，裝碗時再撒些芹屑、冬菜、夠勁的砂勞越胡椒粉，應該可以抵禦又濕又冷的寂寞。

二〇一三年四月十二日

食肆與軟肋

最近哥兒們流行說「軟肋」。

有人看到肉羹，就不吃不可；有人完全無法抗拒蔥油餅的誘惑。

問到我，我倒茫然起來。躊躇半天，勉強說：「安和路巷子有家茶餐廳很道地」，企圖扯開話題。

仔細想想，我勇於探險、熱愛嚐鮮，沒吃過的、都想試試，說到底，是個喜新厭久的人。

我大抵受不了一個星期光顧一家餐廳兩次。可是再仔細想，卻又不盡然。我喜歡的食肆，總是隔三差五、一去再去，十年下來，沒上百回、也三五十次。

譬如到澳門，黃枝記，我必到；就算只簡單吃碟淨撈麵也好。過香港，千方百計混到上環陸羽茶室；有一次三年沒去香港，繞了兩小時，我就堅持非找到不可，一定要吃一客「豬潤燒賣」。

這麼看，自己，又是個極度惜情念舊的人。

我好像總是在喜新與念舊間徬徨，在多情、無情與深情中擺盪。人，不都是這樣嗎？

二〇一三年四月十二日

五島明鮑

廣島、長崎的五島明鮑，雖然不及東北青森的網鮑、禾麻鮑以及岩手的吉品鮑那麼出名，但三一一大地震後，已屬人間極品；鮮甜、口感都遠勝墨西哥、澳洲、南非、大連鮑魚。

住在岩手的阿姨告訴我，津波過後，鮑魚幾乎絕跡。他老公天天賦閒。說那麼多⋯其實是替自己找藉口。昨天忍不住買了五公斤廣島冷凍鮮鮑，外加五公斤特大生蠔⋯⋯

二〇一三年四月一日

百花

夜香花。可入菜。滾肉碎湯，或煎蛋。

廣東名菜「百花雞」，亦用此花；百花雞只取雞皮，皮下鑲蝦膠，蒸熟上桌時，用夜香花勾薄芡淋上；後來以訛傳訛，廣東菜凡用蝦膠者，都稱「百花」，如台灣常見的「百花油條」、即油條內鑲蝦膠。

二〇一三年三月三十一日

羅漢齋

「羅漢齋」是一道廣東酒樓的素菜；有時為了高級一點，也叫「羅漢上素」。

本質上，它就是南乳炒雜菜。

南乳，是一種廣東人的豆腐乳，也用來做南乳雞、南乳排骨，有一股別的豆腐乳所沒有的獨特香味。

至於雜菜，除了絕不可少的腐竹、冬粉，其他各種菇，無論乾、鮮，都可加入。至於菜，白菜少不了，其他耐炒的芥蘭、花椰菜、芥菜等等，都可用上。除此，還會用金針、銀杏，反正是素的、炒不爛的，來者不拒。

湊足十八樣料，有個名堂：「十八羅漢」。

系出戰前廣州酒樓的這道菜，算是老派粵菜，現在香港、南洋的粵菜館也少見。倒是南洋各大佛寺，譬如檳城的極樂寺，常供此齋給香客，究其原因，可能是方便大鍋炒，冷食亦無妨。

昨天炒那一大鍋，比過年時炒的好吃多了。

心得有三：

一是南乳份量要下足，才夠味道；

二是冬粉要先用熱水泡軟，炒起來才透；
三是腐竹要泡透、漂去油呆，才清新、入味。
每道菜，其實都有秘訣，甚至家家戶戶各有秘訣——每件事，何嘗不是？

二〇一三年三月三十日

潮州素菜

和新識的一對長輩夫妻吃晚飯。他們要我點菜。我一看菜單，是潮州菜，隨興一點。

考慮到主人年逾花甲，刻意多點兩道素菜：欖菜四季豆和黑木耳節瓜絲。這餐廳是主人家常去的，女主人卻說：「你點的，我們幾乎都沒點過」。

他們對欖菜的滋味特別好奇。

我只好詳細說：「這是醃漬的黑橄欖、再和高麗菜一起醃；把雪白的高麗菜漬成黑色的，形成一股獨特風味。用來炒四季豆，或者蒸魚，非常好吃，不可替代」。

他們有點不好意思的問：「你是廚師嗎？」

二〇一三年三月二十九日

風雞配薑絲

「對面街口本來是家麵包店，老闆的女兒很漂亮。」大約十年前，一位年近花甲的老哥，和我買完「風鷄」，站在永康街口攔計程車時，指著信義路對面說。

他小時候住在永康街。

說的，大概是當時四、五十年前的事。

幾次掃黑之後，他回到台灣，印象中的「七星」、也就是永康街一帶，是台北監獄、幽居的將軍，以及後來成為知名藝人的一對兄弟偷看鄰居姐姐洗澡。

「麵包店的漂亮女兒，現在當祖母了吧？」當時，我這麼應他。

他尷尬的呵呵笑；其實胖胖的他，總是笑容滿面。

大概是想到從前把過的馬子變成阿婆，所以我感覺他有點靦腆。

「風雞，要配薑絲、鎮江香醋才好。」他說。他回來的時候，一切都變了。

我剛在附近吃飯，隔街張望著還有沒有麵包店，這才想起，那位老哥，又走了好幾年。這一走，不會再回來了。

二〇一三年三月二十四日

十字花科

早上和一群大部分是剛認識的朋友聊寫作。

我端出一大盤八種蔬菜：高麗菜、白菜、芥蘭、青江菜、白蘿蔔、萵苣、油菜花、花椰菜。問大家：「這八種蔬菜，有什麼共同之處？」

一陣短暫緘默之後，我說：「八種全都是「十字花科。」接著我說出了瞎扯了一小時之後、才說出今天真正要說的話：「我們不是常聽到醫生、營養師等各種「專家」說，多吃十字花科蔬菜可以抗癌嗎？連大部分的養生書也抄來抄去。其實，這是句廢話；因為菜市場裡大部分的蔬菜，都是十字花科。如果寫文章都在寫這類人云亦云的廢話，不如不寫。寫了，總有一天會被抓包、遭人恥笑！」

我每天都在反省：今天有沒有說廢話。

二〇一三年三月二十三日

捨芹用韭

捨芹用韭，對菜市場邊武雄米粉湯來說，毫無疑問是頭等頭的大事。客人老早習慣，熱騰騰一碗米粉湯端上桌前，撒一撮切成碎末的芹菜梗。芹，有獨特的清香，絕非韭味可比；更何況有些人還嫌韭有異味。要不是去年連續幾場颱風，搞得菜價連番飆漲，武雄恐怕不敢做出這種挑釁客人的決定。

那一回，還不僅捨芹用韭，就連黑白切原本薑絲豆油膏之外，還要撒幾葉裝飾的芫荽，也被省略了。

誰想到一斤芫荽會漲到快三百元？

反正芫荽葉主要是取其顏色翠綠，吃味道的人不多、有些甚至一葉一梗用筷子剔除。倒是韭段代替芹末，滋味截然不同。

只是韭菜好在終年盛產、價格穩定；反正只要田埂一刈，過幾天就冒出一簇，不像別的葉菜，要連根拔起、重種。

芹末聯合冬菜或者香酥蝦皮在湯頭提香，行之有年。這種飲食習慣愈是細微末節不起眼，就愈難更改、愈難讓人接納。

這改變對武雄來說，就是像他迄今懸掛胸前的八兩金鏈子的故事一般重大：捨棄放蕩人生，安安份份賣碗米粉湯。

我沒仔細問過他細節。但每次看見那沉甸甸的金鏈子在蒸氣上晃盪，配上他黝黑膚色的精壯尊容，就胡思亂想。這種金鏈子，只有矮羅子才會囂張配戴。

二〇一三年三月二十日

魷魚戰爭

兒子問起福克蘭群島戰爭：「為什麼英國要跑那麼遠去打幾個小島？」我突發奇想：「或許這是一場『魷魚戰爭』。一九八二年阿根廷因為解決本身經濟危機、與英國爆發福克蘭群島戰。差不多與此同時，西北太平洋的魷魚資源枯竭。賣魷魚的，從前都標榜『北海道魷魚』、也就是『赤魷』，一九八三年開始，『阿根廷魷魚』在台灣開賣，早先被視為廉價替代品，就像現在的『智利魷魚』一樣。」

兒子插嘴：「智利魷魚，好大，但不好吃。」他這個「市場派」說得沒錯，智利魷魚學名「美洲大赤魷」，肉味偏酸、不好吃；智、阿兩國雖然毗鄰，但一西一東，正好在南美洲兩邊，一個是東南太平洋魷場，一個是西南大西洋魷場，所產魷魚截然不同。西北太平洋魷源枯竭，使一九八〇年代日本、台灣兩大捕魷國轉往阿根廷；其實阿根廷魷場，就在福克蘭群島。

阿根廷幾十年不打福克蘭、一九八二年突然發難，或許就是看到魷業商機有助於解決經濟危機。

台灣遠赴西南大西洋捕魷，並非容易，因此部分老舊捕魷船，就留在西北太平洋釣秋刀魚。自此，原本日本進口、在料理亭要賣三、五百元一尾的烤秋刀魚，在台灣漸漸淪為十元一尾的賤價魚，就如同小津安二郎描述戰後蛋白質匱乏的電影「秋刀魚之味」一樣。

一九八〇年代的福克蘭，值錢的大概只有魷魚，但二〇一〇年代就不一樣了，福克蘭附近估計有六百億桶石油蘊藏量，於是阿根廷又開始有主張、有動作了。

二〇一三年三月十六日

詩社的鑊氣

很意外，老友用「鑊氣」這詞，形容當年詩社攪和的氛圍。我和她，從一九八六年她畢業離開學校後，二十幾年不曾謀面。

「鑊氣」是廣東人形容熱炒的一個詞。

鑊，就是台灣人說的「鼎」；有單柄、雙耳兩款。在快速爐上大火爆炒，鏟進盤裡趁熱端上桌，食物會有一股綜合味覺、嗅覺，甚至觸覺、視覺的感官氛圍，稱之「鑊氣」；有時還帶點聽覺，餘熱令食物滋滋作響。

這是冷冰冰的日本料理，或講究擺盤的法國菜，絕對沒有的享受。西洋料理好像沒有「爆炒」這回事；擺盤美美，經過一番折騰的食物，更不可能有鑊氣。

常常會用鑊氣形容功夫到家的大排檔。通常餐廳大菜，就缺這味。台式的海鮮快炒，炒得好的，也有類似感覺，但不說鑊氣，通常用一句「氣味不壞」形容。

鑊氣是熱炒的形上學。感覺得到，卻說不清楚。別人問我解釋鑊氣，我也只能說：「蔥爆牛肉，或客家人的薑絲炒大腸，或香港人鹹魚雞粒炒飯，剛端上桌、吃第一口那種感覺」，只可意會、不能言傳。

老友用鑊氣話說當年。我完全不意外，因為這樣的遣詞用字，完全是我所熟悉的她的風格。

意外的是，我還能完全領略她所要表達的氣氛。應該找不到形容當年詩社更妥貼的字眼了，我想。

二〇一三年三月十四日

菜市政治

和一個菜市場牽拖日久，就會漸漸失去客觀。剛剛造訪時，因為是生面孔，每一攤都熱情款待；或是為了爭取主顧客，又或許是想狠狠砍一刀。反正，我一向看起來就像個凱子、盤仔。當然也有幾攤酷酷的老闆或老闆娘。這類通常十之四、五，東西都還不錯；當然也有例外，那就是天生的晚娘臉。

混久了就會被老闆們歸類為你的客人或我的客人，楚河漢界，壁壘分明。譬如我常在雞婆她家買雞。每次都買三隻、兩隻放山好雞，從來不問價殺價。日久生情，有時有油少湯清味甘甜的帝雉，她老公就會把我偷偷拉到角落竊竊私語。有時火雞扭傷撞傷，煮起來欠美，他會在眾人面前先要我把雞帶走，「改天再算」——其實就半價。有一陣子雞爪因為膠原蛋白當紅，我要買，他沒貨，我只好問隔壁攤，那攤的小姑娘冷冷白我一眼：「沒有！」我明明瞥見她藏了一大包進冷凍庫。

在澳門街的菜市場也有類似經驗。我固定在一攤買鹹魚、鮑魚，老闆娘還會定期幫我曬響螺、大地魚。那些年我大約一、二個月固定坐飛機來買一次，花個三、兩萬台幣；我知道我每次走進去，那一整排攤檔都大眼小眼看我。菜市場熟到最後，是只要一逛，有些攤就不好意思不光顧，就算隔壁那攤剛從土裡拔起來的紅蘿蔔多麼誘人，還是得買熟老闆的冷藏紅蘿蔔。熟，當然有熟的好，但礙於人情，就失去了選擇。

二〇一三年三月十三日

殘留的風味

找好吃的東西，方法很簡單。

「偎衰偎旺」，只要往人多的地方擠，十之八九不失望。

不過強行炒作的網路名店例外；它常常撐不了三五個月。

早上散步時，遠遠瞥到一家熱鬧的豆漿店。印象中通常九點不到，就收工打烊，研判應該好吃，否則怎敢這樣？

點了一杯冰豆漿、兩顆水煎包、兩顆荷包蛋，五百元找四四〇。豆漿一入口，一股豆焦香；水煎包淋的醬油膏，甜、卻清爽，這才想到招牌旁刻意再立塊小招牌「寧波水煎包」。

這醬油，的確是道地江浙口味。改建後的眷村，看起來已和整個城市劃一。大概只有附近的小吃老店，還殘留著一丁點外省風味。

二〇一三年三月十一日

珍珠石斑

兒子今天去買魚。過中午了，攤子上剩下沒幾種。看到幾隻石斑，都很小，大概只有七、八兩。老闆推薦說「珍珠石斑」。買回來，愈看愈像吳郭魚。

查了一查，珍珠石斑，跟石斑魚一點關係都沒有。學名Cichlaso managuense，原產地是南美洲。

按照我初淺的理解，我會認為它是「南美吳郭魚」；真正的吳郭魚，印象中來自非洲，所以有時也叫「尼羅河魚」，東南亞華人甚至直接叫「非洲魚」。

我用清蒸石斑的配料、方法料理了珍珠石斑。肉質還可以，算嫩、算細，可惜完全沒有「魚味」，蒸出來的魚汁，不鮮、不甜，只能用「索然無味」形容。

二〇一三年三月二日

白切三層

好久沒吃白切三層肉。

剛剛煃排骨清湯、要煮「魷魚螺肉蒜」的時候，順便煮一條三層。浸泡在保持「初滾如蟹眼」的湯裡，三十分鐘撈起來，切成薄薄一片片。

肉已熟透，卻不柴不散，咬起來柔軟細嫩。

沾點西螺豆油膏，配白飯兩大碗。

簡單的白切三層，比複雜的魷魚螺肉蒜，更難駕馭。

二〇一三年二月二十三日

菜賺千元

一位菜販跟我抱怨：一千元真難賺。

他說：高麗菜一箱八粒成本一千五百，一粒差不多四斤，一斤賣五十，全部賣完一箱賺一百元。

「顛倒貴的時候比較好賺」他說。

我想是指一斤破百的時候。

如果每天賣十箱賺一千，他進貨成本要一萬五千；一箱三十二斤的貨、十箱三百二十斤，搬上搬下，也挺累的。

毛利一千，還要扣除擺攤成本三百元清潔費。

「賣不完怎辦？」我問。

「切一切曬乾。」他這麼回答。

我不知道他說真的、還是開玩笑。突然想到，存兩百萬在銀行領十八趴利息，一天也差不多賺一千元。

二〇一三年二月二十日

阿婆賣菜

士林中正路、華榮街口附近，有幾攤阿公阿婆賣菜。

賣的蔬果看起來雜亂無章，應該是附近山區自種自賣。

我想買了好一陣子；應該有一百天以上了。卻因為不習慣，一直沒買。在哪個市場、哪一攤買菜，是有慣性的。和熟悉的菜販一邊買賣一邊閒話家常時，隔壁那攤，如果也閒著，就會用一種怪異的眼神瞪過來，彷彿「為什麼不買我的？我的蘿蔔更新鮮」。

我今天終於買了。挑了幾根帶土帶葉的白蘿蔔，長尖短圓品種不一，擺到磅秤上問「多少錢？」

「等一下」原來是兩攤併在一處，我挑蘿蔔的那攤，老闆不在，鄰攤的阿婆替她招呼著，轉頭叫人。

白蘿蔔的老闆也是阿婆，一手拿筷子、一手拿便當快步回來，按了按電子秤，

「八十五元」。

把蘿蔔裝塑膠袋時，她把長長的葉折下來塞進去，我說「我不要葉子，我要煨雞湯」。

不知誰哪邊冒出一句「人家不要葉子，你還秤下去」那白蘿蔔阿婆把裝蘿蔔袋子遞給我，爽快的說「葉子不要，算八十就好」。

二〇一三年二月十六日

把記憶煮出來

其實從來沒人教過我煮菜。

我現在會煮的潮州菜「茄汁雞」、「三牲燉」、「粿捏（蒜肉丸）」、「滷鴨」、「炨醃魚」、「貢菜花肉」……，還有廣東菜「羅漢齋」、「花菇花腩燉花生」、曬臘肉、煲湯……等等，都是我上小學前在外婆家或祖母家逢年過節「看過」的。

其實就只是看過而已。

十七歲，背井離鄉，至到多年後的某一天、有自己的廚房自己煮年菜過年，憑著兒時的模糊印象，我一道道把它還原。說起來，還頗有考古復原的趣味。

二〇一三年二月九日

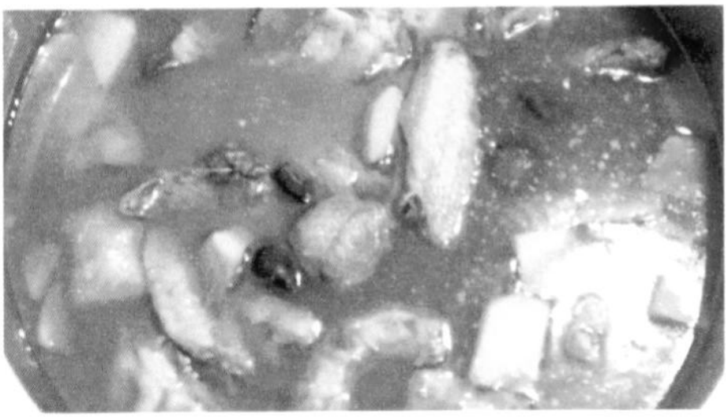

茄汁雞

煮「茄汁雞」時突然想到、告訴兒子：
這道菜是我小時候吃的、也就是一九六〇年代。
據說是我媽媽的外公的菜色；也就是在我之前，
還有三代人，一代以二十年計、至少流傳六十
年。隨便一算，就「百年」了。
百年一道菜，對一個家族來說，好像也只一眨眼
的事。

二〇一三年二月九日

今日菜單

要煮的菜單如下：

一、烏魚子、燻豬臉、白灼花枝切盤；蒜苗切絲、蒜泥醬。

二、臘肉、香腸、肝腸、臘鴨腿拼盤。

三、茄汁雞（珍珠雞、香菇、筍塊、海參、智利貝）。

四、羅漢齋（腐竹、香菇、筍絲、川耳、白菜、冬粉，用南乳炒）。

五、魚三種（香煎；白蒸；蕃茄蒸）。

六、醬油雞（滷好年初一再剁食）。

七、上湯煨干貝、鮮菌、白菜心。

二〇一三年二月九日

厲害的壺

女兒趁我在廚房忙著處理新買的生鐵鑊，跟我說：「我自己先泡茶」。

我慌忙說：「等一下我泡給你喝」。

她用堅定的語氣回答：「我十五歲了」。

無言。只好由她去。只叮嚀一句：「小心」，祈禱她選一把美美的宜興壺、別搞我的寶貝。

等我好不容易又烤、又刷、又煮把新鐵鑊那層臘和它的異味搞好，走到前廳，女兒端坐在我的泡茶桌上，用的正是我的清代汕頭思亭壺。

「你為什麼選這把？」我問。

「因為它看起來很厲害」她答。

旁邊好多把宜興壺，對一個小女孩來說，應該看起來比較漂亮吧…我是該讚美她的眼光？還是慶幸還好沒磕破？

二〇一三年二月七日

豬臉火腿味

出門踏青前，趁有一小時空檔，把粗鹽醃了兩天、擱在冰箱裡的豬臉，拿出來洗、刷、刮，去角質、皮膜。

然後燒一鍋沸水，汆燙乾淨，準備過兩天抽空燻炙。

湯鍋裡漫出一股煲火腿上湯的香味。

我想這招以後可以用來煲湯。

忍不住嚐一口，真是好鹹！但的確好香。

二〇一三年二月二日

台灣火雞

雞肉飯店裡掛著一張大圖，左右對映兩隻身黑、屏黃的大火雞，上有「純種台灣火雞」六個醒目紅字。

火雞原產北美洲，何來「台灣火雞」？遑論「純種」？

台灣再早也要十七世紀荷蘭人、西班牙人到來之後，才可能引進火雞。頂多像芒果，加個「土」字叫土芒果，或像米一樣叫「在來米」，還差不多，直呼「台灣火雞」實在有點太過。

一九六〇年代、八〇年代，農政單位先後引進美國白火雞、法國白火雞、大型青銅火雞到台灣。但遠近馳名的「嘉義火雞肉飯」，還是與長得與青銅火雞羽色彷彿、較黑、體型較小的在來種。

這種小黑火雞，據說肉質較細、較嫩，比較合台灣口味。

一九八〇年代美國貿易報復時，台灣曾進口過一批火雞肉，很大、很壯觀，但真的難吃，又粗又硬，沒多久就市場淘汰、消聲匿跡。

二〇一三年一月三十一日

人生滋味盡在吃

人的一生，清清楚楚在做的事，最多的，莫過於「吃」。

睡覺大部分是昏沈、無意識的。

工作雖漫長，經常心不在焉——你可以不工作，卻不能不吃——退休了，沒工作，還是要吃——其實工作，也是為了賺口飯吃。

求偶、交配、繁殖，終究偶一為之。

吃，是那麼重要的一件事，為什麼不多花點心思在吃上頭？

二〇一三年一月三十一日

吃的般若

首先，要讓孩子們覺得東西好吃。接著就開始讓他們學習吃的是什麼？知道雞是雞、火雞是火雞；大蔥和蒜苗有什麼不同？什麼魚是什麼魚……然後同樣是雞，哪一種比較好吃？哪一種適合怎麼煮？煮一道菜，該怎麼挑選原料、配料？怎麼洗？怎麼切？怎麼發？哪種先下鍋？如何調味……再來，煮一桌菜，又該怎麼搭配？要有魚有肉、有肉有菜；同樣是青菜，又要有炒、有灼……懂吃，是門大學問。

其中有審美觀的美學問題，有採購、供需經濟學問題；有物種、生物學，有物理、有化學；有文化、文明，有調和鼎鼐的政治藝術…參透了，就是般若、大智慧。

二〇一三年一月三十一日

燻豬臉

白豬肉的老闆說：「你今天來得巧」。

「前幾天來，離過年還早，豬沒殺那麼多隻，沒得賣你。我的豬頭皮，全市場清得最乾淨，固定交麵攤仔，一付一百三十元」。

我記得上次買豬臉，一付五十、三付一百元，不過都髒兮兮的，而且是好幾年前的事。

老闆又接著說：「晚幾天來，過年快到，恐怕也買不到」。我買了三付三百九十。

老闆說：「我的已經剁作四塊，可以嗎？」

「沒關係。反正燻的時候也要剁塊」我說。

老闆眼睛一亮：「怎麼燻？先煮過再燻嗎？」

我只點了一秘訣：煮半熟燻。

老闆有點失望。

菜市場裡，老闆、廚師、饕客每天都在玩間諜遊戲。

二〇一三年一月二十九日

黑豬無臉

去黑豬肉攤買「豬臉」。

老闆說：「黑豬沒有臉」

怕我聽不懂，補充說：「黑豬毛多、毛粗，我只切耳朵賣，整付的，要找賣白豬的」。

想想也是。

真正堅剛的黑豬，要養足一年，成豬當然毛多毛粗。白豬只養四、五個月，簡直嬰兒，當然毛少、肉乏味。

黑豬白豬，其實是成豬幼豬之別。

至於為什麼叫豬臉或豬頭皮、而不叫豬頭？豬頭帶骨，整個三D頭髗骨；豬臉，只剝出一層帶肉的豬頭皮，耳朵有軟骨爽脆，鼻子口感如象拔，臉皮下還有彈牙的嘴肶肉。

二〇一三年一月二十九日

年夜飯

這幾天，腦海中一直盤旋著一大桌年夜飯的菜餚：

——湊齊臘鴨、臘肉、肝腸、臘腸，慈菇切片墊底，蒸一盤廣東臘味；

——買些南薑，滷一隻潮州滷水鴨；剩下滷水還可以滷蛋、滷粉腸；

——有鴨要有雞，冬菇、冬筍、罐頭鮑魚炒一隻茄汁雞，還可以加些前陣子買到的南太平洋新品種大海參、比印尼豬婆參還大尾。這是我媽的外公的名菜；

——蒜肉丸。當令的蒜苗剁碎，和絞肉攪和一起，用豬網油裹起來、切丸，沾雞蛋麵粉炸。這是我媽的祖母在潮安城外謝厝的地方小吃；

——鮑、參、肚、翅……，宣威火腿、扁尖、香菇……，湊足十全，大白菜燉雞。好多年沒燉這江浙一品鍋了；

——年年要有魚。到底要買隻本港大午魚香煎？還是來尾大鷹鯧，壓上薑、金華火腿、香菇各一片清蒸？又或者今年石班盛產，蕃茄、薑絲蒸石班？

——茶葉燻豬臉，切薄片、沾蒜茸醋，這是位韓國華僑教我做的；想了一大堆，我家沒幾個人。

二〇一三年一月二十七日

雲南咖啡

雲南的咖啡，怎麼喝起來有種喝普洱茶的感覺？

倒不是味道像普洱茶，而是一種溫潤的韻味相彷彿。大概是因為一方水土對飲食的審美觀相同吧？

據說當年在雲南推廣種植咖啡的，也是中茶公司。一九七〇年代或更早，紅茶是新中國少數能賺外匯的項目。當時的雲南中茶公司，紅茶佔茶葉總生產八成、普洱茶反而只有區區幾個百分點。

當時搞咖啡，大概也是創匯思維下的闡揚。

二〇一三年一月二十五日

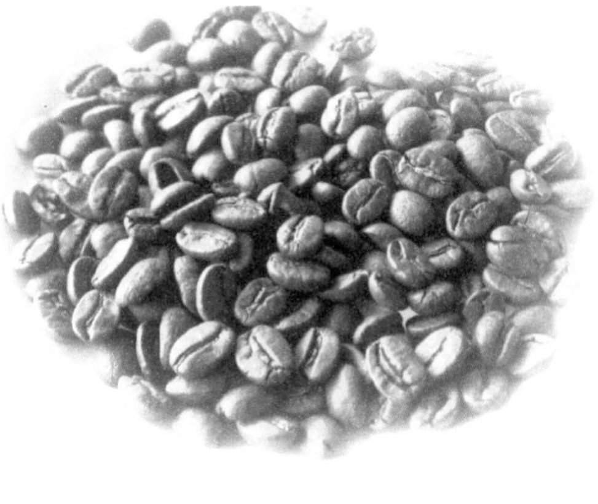

南薑滷鴨

早上看到菜市場有賣「南薑」。想說南薑在台北很難買到，脫口說「可以做潮州滷鴨」。

兒子嚇了一跳：「你要把店裡鴨子宰來滷？」

當然不是。我其實只滷過一次鴨。大約十年前、兒子唸小一或小二的時候；現在他唸高二。

「老實說，那次滷鴨之前，我只看過、沒滷過。看的時候，我大概還在唸小學」。

有些印象，還真是畢生難忘；從難忘的鳳毛麟爪中，重現消失的美味。

二〇一三年一月二十三日

宜蘭花生

「花生擺在哪裡？」下午我走進熟識的雜貨店，問悠哉悠哉、幽雅端坐櫃台的老闆。

他用眼角餘光指示個方向，我走近去，遠遠看見一種九十元一斤一包、和另一種七十元的花生。經常送貨到我店裡的店員在旁，順手就拿一包九十元的遞給我。

「你怎知道我要這種又小粒又貴的宜蘭花生？」我調侃他，他吃吃傻笑。

跟熟悉的店家買東西，就有這好處。他們都知道我不怕貨真價錢高，但痛恨摻假偽劣。

其實我自有道理。貴二十元的宜蘭花生，煮一煮就鬆軟；花生省二十元的結果，可能要多花瓦斯錢。

二〇一三年一月十日

銀壺泡烏龍

和一位古董銀器收藏家熱線討論銀杯怎麼用在泡茶。

「適合泡高山茶？」他說。

我猜，他是從用銀壺泡高山烏龍水軟、香高往這聯想。

我邊啜著老六安，思考著回答：「應該適合夏天用。銀器散熱快，茶不那麼燙口」。

想想，又接著說：「熱茶注入，銀杯發燙，一時拿不上手。等杯涼了，茶也涼了，所以不適合冬天用」。

隨口胡謅，應該對吧？我沒用過銀杯盛茶，只是依理臆測。

二〇一三年一月三日

空心菜梗

剛看見一位嫁來台灣的越南太太，把拔光葉子的空心菜梗，用削皮刀削出一絲絲；她說，用來煮麵時候放。

我見過南門市場的菜販，挑肥大空心菜揀去枝葉、只留菜梗賣。好像是劉大任小說裡看過，這可以切丁炒「通菜丁肉末」。

空心菜梗削絲，而且用的並非菜梗肥大的品種，我倒是頭一次看見。

二〇一二年十二月二十八日

肝連？

「黑白切」常吃到的「肝連」，我一直以為就寫作肝「連」。問了許多豬肉攤老闆、豬商豬農，也大致異口同聲說：「連著豬肝那塊肉」。

前幾天在ＦＢ上經一位醫師美食家指正，才知道應該寫作肝「鎌」。出處是解剖學上，區隔左、右肝葉的那塊內臟裡的肉，叫「鎌狀韌帶」；它同時分隔了肝臟與橫隔膜。真沒想到，市井口語，竟語出科學名詞。

二〇一二年十二月二十四日

山茶

大雪翌日，山茶花開。

雪白一朵，默默提醒：山茶與茶同屬。突然有個疑問：山茶的葉，能否製茶泡飲？

又想到：山茶與茶，能否繁殖既有美麗花朵、葉子又能泡茶喝的品種？

百千萬年前，茶與山茶，同屬一株。為了適應環境而分化；再因人的介入，分別走上觀賞花卉與葉用作物兩條道路。

如今，山茶的葉，不宜製茶泡飲，只有一、二品種，可以藥用治痢，但用得更多的，卻是它的根與花朵。

為了讓美麗的山茶花更加美麗，單瓣而複瓣，然後改造成有花無蕊。失去雄蕊的山茶，於是只能插枝繁殖。最後，發展出「短穗」繁殖方法，又倒過來影響了飲用茶樹的培育，造成茶樹種植的擴張。

山茶總是提醒我：茶，是葉子；茶，是植物。

二〇一二年十二月十五日

茶與列強

夜讀《茶、糖、樟腦業與台灣之社會經濟變遷》。林滿紅這本書，斷代在一八六〇至一八九五年。

一八六〇年，第二次鴉片戰爭，簽訂《天津條約》，開放包括台灣的淡水、基隆、打狗、安平的通商口岸。一八九五年，簽訂《馬關條約》，台灣被割讓給日本。

茶，在這短短三十五年間被引進台灣，成為當時台灣最主要的貿易產品。可以說，台灣茶業興起，交織在十九世紀帝國主義的消長當中。

在這歷史階段的前期，台茶以粗製茶銷大陸為主，後期，則百分之九十茶葉精製後銷往美國。

前期的茶，英商杜德從福州、廈門找來製茶師父，以閩北製茶方式為主，製成的茶葉條索狀。因係粗製，要運到福州薰香，所以發酵輕。條索狀與輕發酵這兩個特點，大致形成今日文山包種的外貌。

早期茶葉種在淡水河、新店溪流域，後來往南發展，擴展至桃竹苗、但頂多只到彰化，更往南、被認為太熱不宜種茶——這和現在南投、嘉義為主力產區的情況截然不同。

後來銷美國為主的台茶，估計是比較傾向紅茶的烏龍茶，可能亦呈條索狀，但發酵較重。當時稱為Formosa Oolong的台灣茶葉，在美國比大陸茶更受歡迎，口味與大陸紅茶不太一樣。

我認為，Formosa Oolong可能類似現在的東方美人。

一八六〇至一八九五年的台茶，以外銷為主，市場的導向，決定了茶的製作。而市場的導向，又與國際列強的消長息息相關。當時茶的口味風貌，可以說，是國際政治決定的。

二〇一二年十二月十日

古壺老杯

昨晚，向一位好友表演了一個實驗；他事前聽我說過幾次結果，卻始終半信半疑。

我用三只杯子——一個是現代的陶杯，一個是十九世紀初的陶杯，另一個是十七世紀的瓷杯——同步注入滾燙的沸水。

但我沒告訴他三個杯子有何不同。計時三分鐘。在沈默的等待中渡過。

然後我請他喝這三杯水，看看有何不同。

第一杯水質粗、硬、磨舌。

老陶杯水變得細軟，我說「適合喝普洱用」。

老瓷杯水細而剛，「適合盛需要表現個性的武夷岩茶」。

他口服心服。

我告訴他：「大約十之八九的人，都會這麼覺得」。

這其實是我用來判斷陶瓷器是不是古董的方法。也正好說明為什麼要用古壺、老杯沏茶、喝茶；不同的器皿，適用於不同的茶葉。箇中原理？我卻知其然，不知其所以然。但卻喝出了許多古陶瓷仿冒品，傷了很多「收藏家」的心。

二〇一二年十二月五日

拼桌

總覺得這攤子的客人都喜歡拼桌。

它在巷子一邊擺餐車，另一邊貼著別人的牆擺餐桌。客人自己端著清粥小菜走過去吃。

除了一味「瓜仔肉」，這攤的葷菜，就只有魚；通常有兩、三種，今天是鹹鯖魚、煎馬頭和滷虱目仔。

拼桌的客人一邊吃魚，一邊吐魚刺。我有一種不安全感，魚刺好像會不小心噴到我的白粥前的菜盤上。

明明還有空著的桌位，這攤子的客人偏愛拼桌。

我看看、想想了好幾天，終於發現它的客人，都是老人。

有些剛退休的、六十開外，還健步如飛，十分健談。有些白髮蒼蒼、雙頰凹陷，有八、九十了；這一種通常很沈默，卻特別愛拼桌——或許，好久沒和家人同桌吃飯了吧？又或許拼桌能讓他在寒冬裡感覺一點溫暖。

二〇一二年十一月二十九日

台灣烏龍茶

前兩天一再聊到木柵正欉鐵觀音，弄得我很饞。今天忍不住用汕頭小壺沏了一泡一九八〇年代的絕版珍藏。

這茶，樹種快絕跡，製法太麻煩沒人願學、老師父又日漸凋零，真的是喝一泡少一泡，我就只剩照片中這一小碟。

一八九五年傳到台灣的鐵觀音，在台灣茶史上有著劃時代的意義。它是布袋揉捻法、球狀或半球狀烏龍茶的鼻祖。結合「素包種」（不薰香但有花香）的特殊輕發酵烏龍茶工藝，創造出台灣獨樹一格、有別於閩粵的台灣烏龍茶。

台灣烏龍：鐵觀音的型，素包種的質；但千萬不能忽略的重點是，「型」與「質」之間是辯證發展中的。

二〇一二年十一月十五日

汕頭小壺

乾兒子問我：「為什麼用那麼小的壺泡茶，一杯都不夠」。他指著我前兩天貼出照片的汕頭壺說；讓我感覺，他似乎認為我對好茶很吝嗇。

「一個人喝剛好」我故意這麼說，然後從茶海倒了一大杯茶給他。我這才老實說：「這壺能讓武夷茶更好喝，實在是找不到更大的了」。

汕頭古壺，總是小的太小、大的太大，可以想像那年代潮州功夫茶，和現在台灣流行沏法，有很大不同。當時用的杯很小，一口杯；所以所謂的四杯、六杯壺，用現在的杯子，只剩兩、三杯。

至於太大的壺，雖是朱泥壺、卻不用來沏功夫茶，大壺粗泡，對口直飲，又或者用「二缶盅」、「三缶盅」之類比我們常用茶杯還稍大些的杯子，沏好就這麼擱著，想喝就喝，不忌溫涼。

二〇一二年十一月十五日

肉佬解豬

一大早到熟識的豬肉攤，追問「松阪豬」的部位。

我曾經為了追問「蔭瓜」到底是什麼瓜？問到賣瓜阿嫂搪塞一句「蔭瓜是龍鬚菜的兒子」，幾乎發火。

不過今天豬肉佬沒發我火。

我問說松阪是不是在豬後頸，他說「差不多」。

「那二層呢？」我又問。

他端出一塊肉給我看，說「本來是一塊的，一層層切，其中一塊就是二層，這樣你聽得懂嗎？」

我想，大概指的是朝天的豬背、水平切割取出軟嫩的瘦肉片，就叫二層。

豬肉佬補充說「二層，一隻豬不只兩塊」。

在另一家豬肉攤，豬肉婆還會從三層肉皮上、瘦肉下（注意，這是肚子，所以皮朝下）水平切出成大片的「腹松阪」，亦嫩、但較肥，切絲煎酥後炒大蔥或蒜苗，也是一絕。

被我盧了半天的豬肉佬，最後和我約定「明早四點見」，讓我看他怎麼解豬。

我突然想起庖丁，又想到叫張良一早來替他撿鞋子的黃石老人。

二〇一二年十一月十四日

松阪豬

菜市場或餐廳所說的「松阪豬」，「松阪」二字來自日本的「松阪牛」。松阪牛是特定產地的牛的品種；指三重縣松阪市出產的「黑毛和牛」。台灣取其肉質軟嫩之意，將一隻豬最好吃的兩小塊肉，稱為松阪豬，訛用松阪二字。

據說這是豬後頸部位的這兩片肉，古代稱為「禁臠」、因為是專供皇上吃的。

雍正殺年羹堯的罪名之一，傳說就是年大將軍「白菜只吃菜心，一隻豬只吃兩塊禁臠」。

這兩片肉，我一度誤以為它是「僧帽肉」、也就是俗稱的「三層肉」——其實錯了。

網路上的說法，松阪豬叫「六兩金」，因為它兩片加起來只有六兩重。

幾年前，大部份豬肉攤是不特別割取這兩塊的。只有賣黑豬肉的老師父，才費心割解。最近連卻大賣場都常見松阪豬販售，只是肉色蒼白。很多燒烤店、餐廳都賣——哪來那麼多的禁臠？——我猜，是進口的美國豬。

為了豬，我恨透美國帝國主義！美國豬養得爛、滯銷，卻用笑容背後的武力逼別的國家買，真王八蛋！

二〇一二年十一月十四日

新普洱時期

二〇〇〇年以後的「新普洱時期」，有各式各樣的探索。

有些人、很多人，喜歡拿法國葡萄酒和普洱茶比擬。我對這倡議也思索良久——答案，其實很簡單，為什麼除了法國，其他國家的葡萄酒製度難以建立，譬如智利、紐西蘭…乃至加州都如此。道理就在「酒莊」的傳統與堅持。可惜的是，普洱沒有相應的「茶莊」組織，即使有，也早在一九五〇年代全面國營化風潮裡徹底湮滅。

少了「酒莊」，法國葡萄酒其實和加州差不多。沒有「茶莊」的普洱茶，又如何仿效法國葡萄酒？

也有人按台灣烏龍茶的方法，玩起「山頭」。

但滇西南的山頭、產區，同一座山有海拔二千的高山茶，也有河畔的台地茶——山頭，有何意義？

台灣烏龍把「山頭」發揚光大，終究是靠著大禹嶺、福壽山、梨山、奇萊山、阿里山、梅山…等山頭的「微氣候」的迥異。

舉個例子，既有「溪邊茶」，又有高山茶的鹿谷，產量充足、製茶師父人材輩出，卻因凍頂烏龍品質不一，最後走上沒落之路。

前幾天又聽到一位朋友，玩的是「樹齡」；八百年的老樹，大致的產區，就拼出一餅，三百到五百年，另一品，一百年以內，又另一品……餘以類推。但樹齡是一種客觀的標準嗎？

至少，我是懷疑的；一般而言，茶樹愈老，根系毛病愈多——誰敢說，茶一定愈老愈好？況且，「樹齡」的玩法，真實性既堪慮，光用「樹齡」評茶——對嗎？

這些年還有些朋友，普洱循單欉例，給了每一棵老樹不同評價。但「單欉」說和「樹齡」論差不多，最後碰上的問題，就是一棵老樹，根本製不了幾餅。微型產量，註定了所謂「單欉普洱」，只是一個小眾的夢。

普洱茶自古以來，就以「簡單」、「大宗」為主流產銷模式。莊園化、山頭化或者樹齡化的思維，致使普洱無法如紅茶般形成國際標準。

除此之外，還有採青、弄清、做青等等工序，在日本、朝鮮、中國，原本就差別很大。一位從來沒去過日本的日本料理師父，告訴我：「我捨棄地理相關知識，寧可以量取勝」——普洱的傳統，本來就是「各搞各的」的鬆散「傳統」。

二〇一二年十月十三日

物「種」

生物分類法的門、綱、目、科、屬、種，來到食物的世界，會變得很有趣。有時候我們說的「一種」食物，其實是生物分類法上的一整個「綱」，譬如海參，或者一整個「科」，譬如貽貝（即孔雀舌）。又有時我們說「幾種」食物，譬如榨菜、鹹菜、雪裡紅……其實都是芥菜、同一個「種」。

林林種種的茶葉，基本上主要也僅指一個「種」。

二〇一二年八月七日

蟹爪

景邁蟹爪生餅。蟹爪是圖中黃揭色的梗，一種寄生在喬木大茶樹上的蘭科植物，僅產於景邁茶區，有極佳的降血糖功能。

我的經驗，蟹爪的味道、功能都和中藥「霍山石斛」相似；霍山石斛，就走鄧小平長命百歲的「龍頭鳳尾草」。

二〇一二年六月十四日

柴魚

味噌湯少不了「柴魚」。

香港有著名小吃「柴魚花生粥」。其實兩者異物同名。

日本、台灣的柴魚，依用量序，用扁花鰹、正鰹、花腹鯖、小黃鰭鮪製作，據說用正鰹做的最好。

廣東柴魚，用鱈魚一類製作，肉質較膨鬆，沒有日本柴魚那麼堅硬、硬得要刨片食用。

二〇一二年五月十四日

養殖魚

今天買的黃魚、午仔，都是養殖魚。養殖魚沒什麼不好。食用養殖魚，可以避免濫捕濫撈，減少海洋資源破壞。

養殖魚口感當然和野生的不同。但我都催眠自己：這是另一種魚。其實不執迷於魚的名相，換個角度欣賞，別有風味。

只是吃養殖魚有風險；抗生素、生長激素的濫用，令人怯步。

這就得靠養殖戶的自律了；唯有讓大家吃得安心，養殖魚才能賣得好，才能取代野生捕撈。

二〇一二年五月十二日

發酵茶

其實未必是普洱，只要是半發酵茶，陳化到一定的層度，都好喝。廣西的六堡茶如此，安徽六安亦復如是。福建的安溪鐵音、武夷岩茶，也一樣。甚至廣州的荔枝紅茶、潮州的單欉，都一樣。台灣的烏龍茶，也不例外。剛喝了一泡三、四十年的老烏龍，甘甜滑順，有特殊的咖啡香、黑糖氣，但終究難敵大葉種普洱老茶的底蘊深厚、餘韻嫋嫋。

綠茶就不行。老了，就四不像。多年前在北京張一元買的一兩幾千人民幣的頂級龍井，剩一點忘了喝，幾年下來，轉紅、喝起來像餿掉的感覺。

其實茶的發酵、半發酵，並非生化定義上的真發酵，而是氧化、葉綠素（兒茶素）轉化為茶黃素或茶紅素。

真正的發酵，專指微生物參與的化學變化。普洱，或其他料半發酵或發酵茶的陳化，反而才是真正的發酵。

至於綠茶，採摘之後儘速用高溫停止葉綠素被茶葉自體酵素轉化，所以保持著鮮艷的翠綠。

二〇一二年五月十一日

百變芥菜

鹹菜、榨菜、朴菜、雪裡紅、冬菜、菜心……很多種的醬菜其實都是芥菜做的，
只是不同樣子的芥菜。

這形形色色的芥菜，其實都是人類歷經幾百年幾千年不同的馴養，所培育出來的
人工品種

二〇一二年五月四日

紅燒牛腩

先切白蘿蔔，再切紅蘿蔔。

粉薑洗淨泡水，切好洋蔥再切薑。

依序按味道由淡而濃。

最後牛腩切塊。

白鍋把薑煸乾，下麻油慢火炒透。

下牛腩炒至皮表微黃，灒酒拌勻，下鹽、糖、豆瓣醬、洋蔥炒香。

傾入另鍋燒開的水，文火煮三十分鐘。

熄火，焗十分鐘。再燒一滾，下紅白蘿蔔，小火煮二十分鐘、焗十分鐘。

大功告成。

二〇一二年四月二十七日

海南雞飯

今天煮「海南雞飯」。

海南雞飯，要先炒後煮。

這種炊飯方式，亞洲少見，有點類似歐洲燉飯做法。十分費工，炒過的飯要煮得米心熟透，分寸拿捏，更是困難。很多人原以為是我媽教我的，其實我媽根本不會煮海南雞飯。其實，我是小時候跟家裡一位幫傭學的。

這位阿嫂，是海南人，老公是空軍、死於空戰，她流落南洋，在我家工作。所以，我的海南雞飯，應該還算正宗。

二〇一二年四月二十六日

血蚶

我愛吃蚶。

台灣「血蚶」很貴，一斤新台幣一百五十元，所以每次到馬來西亞，都大啖三、五斤「蝌蚶」，因為實在便宜。

我知道「血蚶」、「蝌蛤」長得不太一樣，但說不分明。

剛研究半天，才搞清楚：馬來西亞的蝌蚶，是Cardiidae鳥尾蛤科。台灣的血蚶，是Arcidae魁蛤科的Tegillarca granosa。

至於日本的「赤貝」，是魁蛤科毛蚶屬的Scapharca broughtonii。

但中國大陸的「蝌蚶」，卻非鳥尾蛤科，而就是台灣的血蚶。

二〇一二年四月十九日

烏魚

大烏魚，正烏魚，鯔，Mugil cephalus。最大體長一百二十公分，分布於全世界各溫、熱帶海域沿岸，母魚魚卵是正宗烏魚子原料。

小烏魚，是同科Chelon屬、Crenimugil屬、Ellochelon屬、Moolgarda屬或Oedalechilus屬的各種鯔，台灣俗稱「豆仔魚」，體型大都較小、最大體長不超過六十公分。

其中以大鱗龜鮻Chelon macrolepis較多，其特徵鱗片較圓大，魚卵亦可仿製烏魚子。

另一種下唇有一小丘、上有乳頭狀突者，叫粒唇鯔Crenimugilcrenilabis，亦常見，有養殖，但魚卵不能製烏魚子，故經濟價值較低；「豆仔」之名，可能源自其下唇特徵。

以煮食而言，俗稱「青頭仔」（頭部顏色較深）的大烏魚幼魚，以及大鱗鮻，肉質比較鮮嫩。

二〇一二年四月十二日

馬介休

一九九二年第一次去澳門，就愛上「馬介休炒飯」。

二十年來，每去必點。

只知道它是一種惹味的西洋鹹魚，不明究竟。

幾年前終於在日本漫畫中，得知它原名Bacalhau。

前幾天買了一本《鱈魚之旅》，才搞清楚來頭。

這種鱈魚做的魚乾，北歐的味淡，南歐的味鹹，過去幾百年，歐洲魚市交易中百分之八十都是它。

西班牙、法國的巴斯克人，橫渡大西洋到北美捕撈，發了大財；他們比哥倫布更早到達美洲，但幾百年來嚴格保守漁場的秘密。

稍後，這種鹹魚，又成為加勒比海黑奴的糧食，甚至可以在非洲用魚乾買奴隸。

如今，馬介休的原料，鱈魚Cod，卻幾乎快絕種。很多地方的fish&chips，因為沒有鱈魚，改用台灣鯛肉片。

二〇一二年四月五日

印章魚

昨天吃到好吃的印章魚，一夜遍查網路、圖鑑，竟查不出它是什麼魚。

今天不死心，才細查一次，終於讓我搞清楚了。

身上有顆大黑圓點、眼睛長在背上的印章魚，叫「遠東海魴」。學名Zeusfaber，以希臘大神宙斯命名。英國人稱為John Dory，法國人名稱Saint-Pierre，日本人叫它Matoudai的鯛。

它是生活在大陸棚斜坡或海床、水深四十到兩百公尺的深海底層魚類，以群居性之魚類及甲殼類為食。

Saint-Pierre是著名的「馬賽魚湯」中不可或缺的材料。

台灣有人叫它「鏡鯧」，視為比鷹鯧更頂級的鯧魚。

二〇一二年三月三十一日

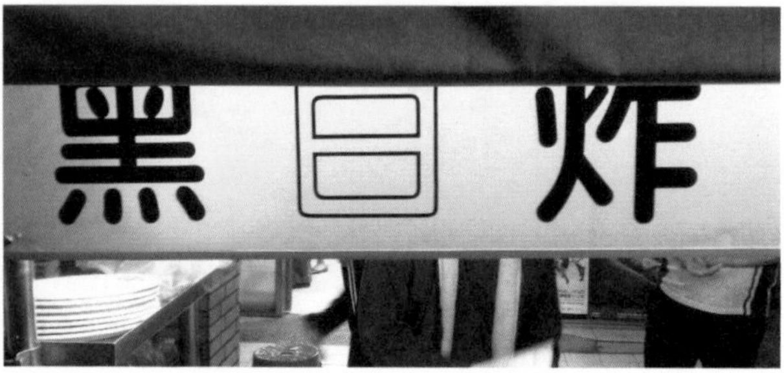

黑白炸

嘴饞，大老遠到天津街買黑白炸。問老闆：「為什麼就你家炸的，吃不完冰冰箱，隔天微波加熱一樣好吃？」

老闆說：「用料的關係吧。我用的甜不辣，魚漿夠多，比別人的貴一倍；別人的炸甜不辣，涼了就韌，我的不會。」

半晌，他又說：「油也是。我用淺鍋炸，油量省、只一小桶，每天都換油。」

打包好，付了錢，我問老闆：「可以拍照嗎？」

他說：「別拍到我的臉，萬一被檢舉路邊擺攤，還可以賴得掉。」

話說，天津街、六條通口這家黑白炸，老闆開了二十年，我也吃了二十年。

二〇一二年三月二十六日

吃肉要吃三層

若干月前，有一次吃腔肉飯，我問老闆要肥一點的，熟識的店家竟說「最近三層都比較瘦，買不到肥的」。

農曆年期間，我在菜市場發現一批三層，肥肉較少、色澤黯淡。肉販解釋說：過年三層需求量大，冷凍的拿出來賣。我心想即使冷凍過，怎瘦肉較多；當時揣測，可能是提早宰殺，豬隻不足月，所以較瘦。後來劉建國委員公佈進出口資料，揭發美國豬肉老早進口，我這才恍然大悟。

下午和一位老友聊及此事，他說了句台灣諺語：「吃肉要吃三層，看戲要看亂彈」。是啊！吃豬肉的習慣，如果不偏愛瘦肉，怎會用瘦肉精養豬呢？

二〇一二年三月二十四日

沙梭

買了三尾沙梭，分辨不出是Sillago屬中哪一種。

印象中沙梭是夏、秋盛產的漁獲。今年春天，卻很常見。

沙梭一般沾粉油炸。

潮州食譜上，用普寧豆醬清蒸，下些薑、芹、蔥、椒絲。我打算用來做「魚飯」；什麼都不加，蒸熟、擱涼，沾好醬油吃鮮甜的原味。

二〇一二年三月十五日

紅嘴過仔

早上在菜市場，買到兒子指定魚「紅嘴過仔」。一位太太看我買，跟著買，邊選邊說「大的太大，小的太小」；我內心OS「大小不一，正好表示是野生的，養殖魚才會一般大小」。果然，她接著又從幾十尾大小齊頭的大赤宗中，拿了一尾，「養得真棒！」我心裡想。

紅嘴過仔，學名煙鱠Aethaloperca rogaa。是一種石斑，特徵是嘴巴裡紅紅的顏色。蒸食肉質甚佳。從前這種魚多見於澎湖、小琉球、綠島的珊瑚礁，不知道為什麼，這一年，東北角多了起來。

二〇一二年三月十日

花臉

今天在菜市場，漁販推荐兩尾野生「花練」。

回來查了半天，原來是海雞母笛鯛Lutjanus rivulatus，俗名寫做「花臉」，難怪很難查到。

在中國大陸叫藍點笛鯛。

Lutjanus一屬的魚都很可口，最有名的就是「紅糟」。

二〇一二年二月二十八日

天冷魚肥

趕在菜市場午後休市前，和兒子匆忙起床去買菜。

兒子問：「這季節什麼海鮮最好吃？」

我不假思索回答：「魚！天氣那麼冷，魚最肥美。」

今天沒看到兒子想吃的紅嘴石斑。買了一隻一斤多的紅尾鳥，它是種鯛魚，印象中應該叫做「濱鯛」。

選它的理由，是因為暫沒聽說有養殖的。

二〇一二年二月二十八日

牛有四胃

兒子，牛的四個胃是：

第一胃：瘤胃；香港叫「草肚」；台灣中壢叫「黑肚」；大陸叫「毛肚」。

第二胃：蜂巢胃，或網胃；即「金錢肚」，這是最常吃的牛肚。大陸叫「麻肚」。

第三胃：重瓣胃；即「牛百葉」。

第四胃：皺胃，或真胃（和人胃的功能相同）；香港叫「牛瓜沙」或「牛傘肚」；中壢叫「白肚」；大陸叫「肚尖」；因為有分泌線，很難清洗，所以很少吃到。

二〇一二年二月二十日

粉肝

上星期去體檢，和醫生閒聊說到，台灣說的「粉肝」、香港人說的「黃沙潤」，其實就是「脂肪肝」；因為油潤，口感特別好。

脂肪肝繼續惡化，就成「肝硬化」，作為食物，就成了難以下咽的「柴肝」。

豬、雞健康的肝，呈鮮赤的「肝紅」色，食味平平，不特別好，也不太壞。

二〇一二年二月十九日

白蒸紅目鰱

濱江市場的年貨大街今天開市，價格飈起。

問魚販甲：紅目鰱一斤多少？魚販甲要價五百元。沒買。

魚販乙的紅目鰱略小，一斤算我四百，五條全買了。

繞回魚販甲，他說：中午了，三百八十。四條又全買，一共買了九條，準備用來白蒸，沾陳年常珍醬油。

我真的愛買這種香港人叫著「大眼雞」的紅目鰱；它的好處是：保證野生，目前技術上無法養殖；生活的水域，主要在「宜蘭隆起」的深海，沒什麼污染。

台灣一般略煎後用醬油燒，口味過重，吃不出它的清甜，我偏好什麼都不加白蒸，擱涼沾醬吃。

二〇一二年一月十四日

魚辣湯

宋江在江州琵琶亭，李逵吃的醒酒「魚辣湯」，其中的辣，用的應該是生薑而非辣椒。

辣椒傳入朝鮮、暹羅以及中國，至少是在哥倫布去過辣椒原產地南美洲之後，估計在十五世紀、中國的明朝，才經由葡萄牙人或荷蘭人或南海海盜傳入。水滸傳寫的宋朝，估計還沒引進辣椒。

「魚辣湯」既能醒酒，應當不只用生薑一味，否則清清如也的薑絲湯，感覺不怎麼刺激，如何醒酒？我猜，應該是用薑、醋煮的魚，又酸又辣，加上魚的鮮味，解酒不成問題。

薑醋煮魚的做法，閩浙一帶，迄今仍有這道家常菜：把魚煎香，下薑絲爆過，濳醋，下點鹽糖調味，再加水一滾。

二〇一一年十一月八日

瀨粉

一位老哥很愛吃阿滿姨的米粉湯。但他管叫它「瀨粉」。其實瀨粉是老廣的叫法，粗粗的米粉，就叫瀨粉。

瀨粉，其實是「酹粉」之訛。

酹粉是一種用冷飯曬乾研粉製成、廢物利用的米粉；一說始於廣東中山，但我傾向認為源自梅縣。

二〇一一年十月二十七日

醃瓜

星期天和女兒逛大市場。看見一攤賣各式各樣的瓜的菜販。其中一種，寫著「醃瓜」，我沒見過，但是吃過。

我問菜販，它是不是佛手瓜的親戚？

菜販說不是。

我追根究底問那是什麼瓜？

菜販說：龍鬚菜是佛手瓜的小孩；醃瓜，反正就是另一種瓜…說不出個所以然。

女兒怕菜販生氣，拉我急忙走開。

我的好奇心，其實來自幾天前一位年輕時賣過菜的老兄，說餐桌上那碟爽口的炒醃瓜，是一種故意種得很肥很長的黃瓜品種——我懷疑，因為我見過生的這種瓜，瓜皮淡綠、有溝，似佛手瓜。

今天終於破案——它叫越瓜，cucumis melo var、conomon，是專門種來做蔭瓜仔或其他醃瓜的品種，與黃瓜同屬、近親，但與香瓜、哈密瓜更親，同屬又同種。

二〇一一年九月六日

炒肝大

銀翼餐廳的「炒肝大」——肝是豬肝，大是大腸——媲美香港粗菜館名菜「炒豬什」；什＝香港「雜」俗寫。

蔡瀾吹牛：炒豬什，要用大豬的肝，中豬的腸，小豬的肚，才能炒得三樣豬什軟硬適中。

我看銀翼的老師父，好像就用一般豬肝豬大腸，就能爆炒得腸不韌、肝不老；「豬肝榮仔」的豬肝豬肚烹煮的技巧，也有這水平。

香港是美食天堂，台灣其實也美食薈萃；外省老師父的絕活，與本土小吃，各領風騷！

二〇一一年九月五日

烤生蠔

前幾天去吃寧夏夜市烤澎湖生蠔，顆顆飽滿渾圓如珠。

今天的，雖然鮮甜依舊，卻扁瘦些許——一想，原來是過了立秋。

陽曆七、八月是蚵仔最肥美的季節，往秋近冬，自然削瘦。

可是法國人卻推崇十、十一、十二月的蠔，理由是過了夏天的繁殖期，蚵仔不那麼肥膩。

這到底是兩地蚵仔有別？這是口味不同？我懶得深究。

但我邊吃邊告訴兒子：蠔肚顏色帶黃的，最好吃，是公蠔，浙江人稱為「蠣黃」，乃是蠔中極品！

女兒一語不發，拼命吃了十七隻，擦乾淨手指頭用手機裡計算機掐指一算，說她今天一人吃了兩百四十二・七六元。

二〇一一年九月四日

麻油雞

到寧夏路吃很貴的麻油雞。一份炒雙腰、一份炒下水，一碗清湯赤肉、一碗麻油雞，九百四十元。

從前我不會煮麻油雞的時候，我認為環記麻油雞，是台北第一。但現在我不這麼覺得了——女兒說「爸爸煮的比較好吃」，我木無表情，其實心裡樂不可支！

其實煮麻油雞，很簡單。雞要用「鳳仔」（半土雞）；正土雞太韌，肉雞沒嚼頭、而且久煮會柴。麻油要用台南黑麻仔冷搾的純麻油，西港的或大內的都好。薑最好混上三分之一的「手指薑」；細莖長條的指薑，用過量，會辣，用得恰好，薑香十足。

煮也有秘訣。斬件的雞塊，要用米酒、鹽巴先醃上幾小時；坊間傳說麻油雞下鹽會苦，那是指鹽遇上滾燙米酒湯所致，醃入雞肉的鹽，非但不會致苦，反有「肉鹹湯清」的效果。

接著薑用麻油爆透，下醃雞件、濽酒炒出肉香，再下米酒燒滾、湯面點火燒去酒精，適量加水再燒一滾。

坦白說，味精是必要的；一隻雞約一・五克微量適可。堅決拒用味精的人，可以在炒雞件時下些泡軟的乾香菇代替味精；泡菇的水，可以代替最後要加的水。最後是沾醬。西螺豆油膏，瑞昌、丸莊、黑龍的都好。再混點辣椒醬，我都用魷魚羹用的、很辣很辣的那種。

二〇一一年九月四日

冬瓜蛤仔湯

名種冬瓜「芋頭冬瓜」煮湯，隔日翻煮，口感細糯，可惜沒了芋頭味。初煮時，芋香四溢，可惜口感欠佳。這是芋頭冬瓜的矛盾——我不推薦這品種。

我終於抽空搞了那顆芋仔冬瓜。用的是「半煲半滾」的湯法。肥嫩肋排和鈕扣菇生用文火煲上一小時；再下冬瓜，煮透；最後下足兩斤文蛤一滾收火。

芋仔冬瓜，果然芋味十足，可惜不吸油，口感偏糯，缺乏一般冬瓜的清爽。湯頭自是一流，用足「肉」、「菇」、「蛤」三味，味精毫無立錐之地；文蛤二斤，好幾十顆，可以煮上十幾碗小販的蛤仔湯——還能不鮮美嗎？

二〇一一年九月二日

炒桂花翅

名菜「炒桂花翅」，主角其實就只是蛋炒魚翅；廉價的蛋，炒名貴的翅，更能彰顯極盡奢靡，就像金門漁家的「海膽炒蛋」。

炒桂花翅的其他配料，自由發揮，香菇絲、肉末等等，隨人歡喜。不過，箇中有兩個關鍵，必須下蟹肉才夠鮮，重用豬油才夠香；少了這兩味，蛋不滑、翅無味，蛋炒魚翅，就只剩暴發戶品味了。

二〇一一年九月一日

芋仔冬瓜

明天要對一顆名種冬瓜下手。圓球狀的，很容易誤認為南瓜；果皮像小香瓜般淡綠色。賣瓜人說：叫「芋仔冬瓜」，炒或煮都很好吃。買的時候快收攤了，特價一顆一百元，大約二公斤；與一般冬瓜的價錢比較，不算便宜。

我沒料理過，明天早早起床買些配料試試看。其實我只要看到沒吃過、沒煮過的食材，都會買來玩玩。

二〇一一年八月二十四日

一品鍋

邊寫食譜邊想起一位老友和「一品鍋」。

有一年冬年，他出的主意，我搞的把戲——在澳門採購一堆高檔海味，回台灣試做一品鍋。

首先熬好老母雞上湯。這老母雞，市場沒賣，得特別向雞販子訂。加些火腿骨細火慢燉兩天。花膠、鮑魚、魚翅、大螺要泡發漂洗，這也得兩天功夫。發好之後，老母雞上湯做底，發好的四味海味，另加嫩雞、碗口大的香菇、猴頭菇、鮮筍、扁尖（一種江浙菜特用的筍乾）、髮菜、火腿片，清燉一小時上桌。

這鍋足足忙了三天、不惜工本的一品鍋，不用說，當然好！

二〇一一年八月二十一日

調味

烹飪往往從「調味」入門。原因無他，大部份人對美食的評斷，來自味覺刺激。廚師常常因此走上執迷於「調味」的歧途。

事實上，過度的調味，是一種詐欺！

最極致者，莫過於一種熱炒店愛用的「味液」，不管炒什麼、煮什麼，來上一瓢，就非常「美味」；只不過如此一來，每道菜餚口味千篇一律。

烹飪到達一定境界，調味求簡、求用量最小化；能不用的，儘量不用，非用不可的，用最低限度的量表現最大的效果。務求食材本身口感、味道，娓娓道出食物的劇情。

二〇一一年八月二十一日

鯊與魚翅

豆腐鯊，如果是台灣人抓到，絕對不會這麼浪費、只取魚翅，台灣人會吃掉全魚。問題其實出在制度——傳統食用全鯊、物盡其用的日本、台灣，因為遵守國際規則禁捕，於是變成不吃鯊魚、只取魚翅來賣的窮國偷捕，結果就發生如新聞中極度殘忍的局面。

另一重點，魚翅需求量最大的，並非台灣，而是中國暴發戶——台灣在長年環保觀念推廣下，魚翅餐廳這幾年愈來愈少，倒了很多家。

二〇一一年八月九日

頭足綱

這一綱名為「頭足」；意思是只有「頭」跟「腳」，沒有身體。

八隻腳的，叫「章魚」。日本人把大隻的白灼切片沾wasabi醬油，或炸天婦羅；香港人用小隻的曬乾煲蓮藕排骨湯；台灣北海岸有一種迷你型的「石給」，也是章魚。

十隻腳的，分三大類。身體裡有塊厚硬的「海螵蛸」的，台灣叫花枝、中國叫墨魚，圓身、肉厚。沒有硬塊的，分為「魷魚」與「鎖管」；前者沒眼皮、眼睛始終開開，遠洋捕撈；後者近海就能抓到，眼睛可以閉目、眨眼。魷魚、鎖管，都身型修長；屬於鎖管亞科的「軟匙」，卻是例外，它的圓身像花枝，只是體內沒有硬塊——較花枝薄、比鎖管厚的肉，最是鮮甜爽脆！

二〇一一年八月七日

瓜譜

胡瓜（黃瓜、青瓜）與香瓜、哈密瓜同屬。

冬瓜、西瓜、匏仔同一亞族；節瓜是冬瓜的變種。魚翅瓜其實是兩種南瓜變種；

南瓜分五大系、有幾百個品種。

苦瓜與中藥羅漢果近緣。

以上均屬Cucurbitaceae葫蘆科的葫蘆亞科；這個亞科和禾本科、十字花科一樣，

是人類主要食用的植物科別。

二〇一一年八月七日

走地的雞

馬來西亞Ramadan市集裡賣的烤雞，用一片竹子，從中剖開，把雞塊夾著。竹子染得黃黃的，應該是黃薑的顏色。他們用的雞，是走地的Kampung（鄉村）雞，一口咬下去，肉汁迸在嘴裡。

二〇一一年八月六日

藍色的飯

這次正好遇上伊斯蘭的Ramadan齋戒月，他們一整個月白天都不能飲食，晚上七點三十分開齋後才進食。

Ramadan期間每天下午，馬來人都出來擺攤賣吃的喝的，很多平常難得一見的怪怪食物，都會出現。照片中的飯是淡藍色的，有點詭譎，我點了一份，它配上一條炸魚、豆芽、香辣椰絲等等成一套餐，只要三十五元台幣，還蠻好吃的！

二〇一一年八月六日

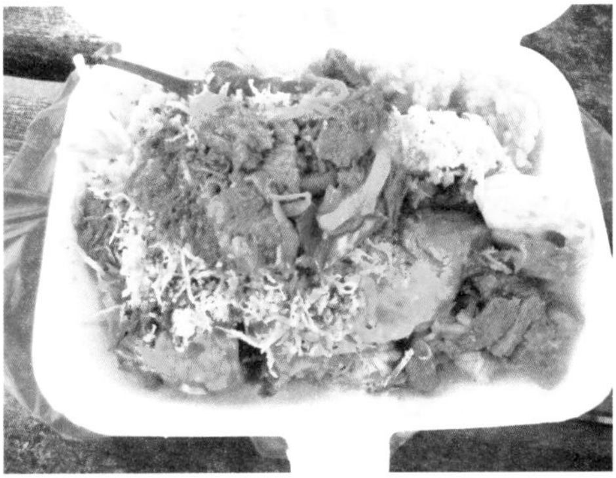

一〇一榴槤

左邊兩顆榴槤，是時下馬來半島當紅的榴槤品種，叫「一〇一」，果肉略橙紅，但軟軟的，一公斤要價五零吉（零吉是馬來西亞幣單位）。

右邊兩顆，一顆是過氣名種「二十四」，另一顆是Kampung榴槤。Kampung是鄉村的意思，指的是原生種；我分辨不出哪顆是哪種，但口味都甘中帶苦，讓人回味無窮。

二〇一一年八月六日

紅毛丹

紅毛丹吃起來類近荔枝龍眼。紅皮的，很漂亮，但真正爽口甜美的，是另一種黃皮的品種。

二〇一一年八月六日

新樹山竹

老爸園子裡種的山竹，果蒂、果皮都很完整、漂亮，標準的「新樹山竹」，中看不中吃。醜醜的老樹山竹，滋味更美。

不過雖說是新樹，也種了十幾年；山竹沒上百年，稱不上老樹。

二〇一一年八月六日

波羅蜜

這是波羅蜜（Artocarpus heterophyllus），英文叫jackfruit，馬來話叫Nangka。神奇得很，波羅密和Chempedak都是桑科（Moraceae）近親；果子的大小差異還真大。

二〇一一年八月六日

文人菜

昨天在網上和朋友聊天，突發奇想一個新名詞「文人菜」。

文人菜如文人畫，刀工草草不工；沒有大灶大鑊，只能小打小鬧；時間有限，沒辦法泡製鮑參肚翅；買到什麼煮什麼，無法精挑細揀；調味醬料種類有限，花樣不多……這是我想到的初步定義。

二〇一一年七月十二日

年羹堯與開洋白菜

據說，年羹堯吃的開洋白菜，白菜只選用包在最裡面的三寸心，其他棄而不用，絲毫不帶纖維。

至於蝦乾，專用上海外海、也就是現在洋山港海域附近捕撈的，這地方好像就名叫「開洋」。

只在特定海域捕的某種蝦，情況與東港、林邊類似，東港抓的叫櫻花蝦，林邊抓的，好像叫赤尾青，據說相近的兩地，小蝦滋味截然不同。

二〇一一年七月十二日

飲食鑑賞的根本

食物，不只是好不好吃的問題。食物的鑑賞，需要豐富的科學及人文基礎知識。但不能受制於這些知識，最後仍要回到好不好吃的根本問題。

從見樹不見林，到見林不見樹，最後，樹還是樹。對任何事物的學習，好像都逃不出這規則。

二〇一一年七月九日

功夫菜

今天五個男子漢，一共吃了牛肚耳絲雙拼、老鹹菜黃魚、清蒸牛腱、奇香紅白絲、炒菠菜、老鴉湯，蔥油餅及蘿蔔絲餅，後來再加一道肴豬腳。

只有最後加點的肴豬腳，和加湯的老鴉湯沒吃完。

奇香紅白絲，切得細如牙籤的黑榨菜絲、肉絲、豆干絲、辣椒絲，全台北只有朝天鍋有這道刀工絕頂的功夫菜。

老鴉湯其實是選用一斤左右的小鴨子，和家鄉鹹肉、粽葉同燉，還放了一點扁尖——扁尖現在餐廳難得一見，是江浙菜專用的一種筍乾。用粽葉熬湯，既有竹葉香，又能除油膩，神得很！

有豬腳一點都不油膩，盡是膠質，入口綿軟香滑。

老鹹菜黃魚，重點在老鹹菜而非黃魚；帶著魚鮮味的鹹菜，真是好味道。

對了，還好幾盤的小菜：帶子的蔥燒鯽魚、甜甜的熗苦瓜、筍絲、小魚干青紅椒——我們連小菜都吃得盤底朝天。

二〇一一年七月九日

吃的學問

吃，是一門天大地大的學問。

為什麼要吃，是生物學上攝食需求的研究、以及營養學、甚至人體科學。

然後什麼地方的人吃什麼，這是歷史、地理、文化、經濟史、宗教史……等等的問題。

食材本身是自然科學動植物的分類，還有化學、分子生物學在裡面。

怎麼烹飪，又是化學、物理、分子食物學的大哉問。

我們天天在吃，卻很少認真深入的研究吃——這其實才是塑化劑之類食品安全問題的根本！

二〇一一年六月三十日

廚師的心意

麥文記首創全蝦雲吞——我不吃蝦，下午三點給午餐吃得飽飽的好友吃，他津津有味吃完一整碗。

我點了蠔油撈麵和手揀菜心。

一小碟蠔油，加一碟拌了豬油的麵——好友問「怎麼這不值錢的東西，要價港幣二十四元、將近台幣一百？」

我說「好就好在手工打的麵，用根竹竿，師父用屁股輕壓一端、擀另一端的麵；而且真的是用全蛋做的麵，用上好湯頭勺得恰好，拌上豬油，香、鮮、彈牙。蠔油也特製得特別好，不是李錦記那種大眾蠔油。」

他沾了一口蠔油說「好比西螺蔭油和金蘭醬油的差別。」

菜心，短短肥肥的，翠綠悅目，入口口感卡滋卡滋，十分清甜。

其實用上「手揀」二字，就讓我亢奮；蔬菜好吃的秘訣，真的就在材料的揀選上的功夫。手揀，代表著廚師的心意。

二〇一一年六月三十日

醬油

來說說醬油。

醬油大體分兩種：一種是傳統用麴菌發酵、釀造期長達一年的醬油。另一種以「速釀法」製作，用酸分解大豆的胺基酸製成。前者利用菌中的微生物相，只要置於陰涼處，可以長期保鮮，而且愈陳愈香。後者必需添加防腐劑、安定劑以防變質；之前某乾麵不是醬油出毛病嗎？原因就是採用分解時間不足速釀醬油——三個月就釀好的速釀醬油，竟然還提早到一、兩個月就收。

以上兩種醬油，都「符合」中央標準局的醬油標準——所以說，符合國家標準，也不見得足以保障健康。

二〇一一年六月一日

越南茶

和茶行老闆交換分辨台灣茶與越南茶的方法。

他說：一喝就分得出來。

我說：瞄一眼就知道。

越南茶，葉薄、梗長而泛枯黃，因為地處熱帶生長快；製成後，葉緣泛紅，蓋因萎凋時天氣濕熱之故。

二〇一一年五月二十九日

乾鮑

新鮮＝美味？

未必盡然——乾鮑就比新鮮的鮑魚，更加鮮美。秘密在於：生鮑經過加工成乾鮑，麩胺酸倍增。

味精是人造麩胺酸鈉，鮑魚的麩胺酸是天然的鮮味來源。

二〇一一年四月十四日

牛胸坎肉

牛腱牛筋還沒煮好，先切了一條胸坎肉來吃。湯頭已經夠味、鮮甜了，爽口的胸坎肉，卡滋一口咬下，油汁在口腔四溢；她們嫌肥，我獨吃一整條。

胸坎肉可不是每隻牛都有，有印度瘤牛血統的正黃牛才有，市場上常用來冒充黃牛肉的淘汰乳牛，是長不出這塊肉的。

市場上的胸坎肉，要不是都被清真牛肉館包走，就是落在我這種指名專買的人手中。

二〇一一年四月二日

茶與古中國

茶葉是古代中國文明豆腐之外的另一個重點。

茶葉富含維他命C，製茶技術中的「殺青」，在透過一一〇度高溫停止茶葉持續氧化方法中，保留葉綠素同時，保存了維他命C——這可能是人類最古老的維他命C保存方法，一直到十八世紀蒸汽船發明前，歐洲人遠程航海，始終因缺乏維他命C為敗血症所苦。古中國的茶葉，解決了西藏、蒙古等蔬菜缺乏地區的維他命C來源問題。成吉思汗能千里西征，行囊中少不了茶。豆腐作為東北的中國古文明重點，茶葉則是西南古中國文明重點。

二〇一一年三月二十九日

豆腐

豆腐是古代中國文明的一個重點。

中國自古最嚴重的問題，就是土地太少、人口太多。歐洲一直到工業革命前，到處都是森林，但中國大致在宋以前，黃河流域的森林都被砍光、開墾成農地。農地還是不夠，於是靠著高明的農業技術，農地的利用率被高度發展。

但小米、麥等農作物能提供給人類蛋白質不夠，於是種大豆；直接食用大豆的吸收率約百分之六十，於是發明了豆漿、豆腐，吸收率提高到百分之九十，滿足了蛋白質來源的需求。

豆腐在中國，極大降低了人類對畜牧業的依賴。歐美的人，無肉不飽，中國人（其實朝鮮人、日本人也一樣），白飯（北方則是麵食）青菜豆腐，就養活了大量的人口。古中國文明就奠基於「白飯青菜豆腐填飽肚子」的物質基礎上。

二〇一一年三月二十九日

沙茶

剛剛在吃Satay的時候突然想到，台灣的「沙茶醬」，很可能源自南洋Satay的沾醬。Satay醬重用花生，沙茶醬亦然，只不過一般廉價沙茶醬為了節省成本，多用花生殼替代花生仁碎。

閩南、潮州「茶」音tay，我估計，可能是明、清時在中國與南洋之間往來頻繁的閩、潮水客，把這種醬料從南洋帶回故鄉的……

二〇一一年二月四日

白花膠與白花魚

我買了兩片白花膠（三千元、約十二兩）做年菜。

白花膠，是白花魚的魚鰾製成。魚鰾，是魚體內的一個內充氣體的囊狀器官，其生理作用是調節魚在水中的沉浮。比白花膠更高級的黃花膠，是用大黃魚的魚鰾製成，二十年前在金門、馬祖很常見的大黃花，如今早已絕跡！像我這種經常逛菜市場的人，六十公分以上的大黃魚，十五年來我只見過一次，一尾要價兩萬多……還有一種「廣肚」，香港人說是鰵魚鰾製成，其實就是鱈魚鰾，個頭大，早年因為遠不及黃花膠的品質，被視為中下檔貨，現如今也是高檔珍品。

但我始終偏好石首魚家族魚鰾製成的黃花膠、白花膠，那種特殊的黏稠感，是鱈魚鰾、鱸魚鰾（鴨泡肚、紮肚）所比不上的。

白花魚，Bahaba taipingensis，又稱黃唇魚、大澳魚，與大黃魚、小黃魚同屬石首魚科。早年做為黃魚替代品，亦稱假黃魚。今時不同往日，在野生大小黃魚絕跡的現在，白花魚就十分難得了……

二〇一一年一月二十九日

紅干貝

翻出一包珍藏的紅色干貝，準備過年做年菜。

這批干貝，是我從迪化街店家一大袋干貝中選出來的——店家讓我肆無忌憚的挑揀，當然別有原因……干貝是櫛孔扇貝Chlamys farreri的「後閉殼肌」曬乾製成（另有用櫛江珧Atrina pectinata linnaeus或北海道蝦夷扇貝Pationopecten yessoensis製成；櫛江珧的個頭很小，蝦夷扇貝的好大一個、好貴）。

櫛孔扇貝原本雌雄同體，繁殖季時，母的生殖腺變鮮紅色，公的乳白色，這時候採製的母干貝，曬乾後就呈美麗的橘紅色，與一般黃澄澄的不同。

繁殖前的母體，當然營養最豐、最美味，所以紅干貝，當然是干貝中最美味的極品。店家任我放肆挑揀——除了我向他「交關」了十幾萬其他貨物——原因正是：他也很好奇，為什麼有這種紅色干貝，要我說故事給他聽……

二〇一一年一月二十九日

刺參

買了一斤刺參（Stichopus japonicus Selenka），這種肉刺鈍圓的正宗刺參（仿品肉刺尖細），市場上好久不見，就算驚鴻一瞥，要價也貴得碰不起——今天這批，價格合理，完全乾身的一斤六千元，二話不說就買。

正品產於北海道的刺參，近年因中國富豪爭相搶購，價格飈漲；今年反聖嬰小冰河期，估計明年會減產，價格還有突飛猛漲……溫帶的海參，個頭雖小，但它的口感，絕非產於熱帶的豬婆參、光參或美國刺參等可以比，既不會𤊪不會爛，也不會軟綿綿、瀉身（煮了會化掉），這種口感，只有親嚐才得體會——不過，這也是消失中的美味之一，氣候繼續惡化，或許我的下一代或下下代，就再也吃不到了……

二〇一一年一月二十九日

BOD Books on Demand

PE0131

陸之駿飲食隨筆

作　　者 / 陸之駿
責任編輯 / 鄭伊庭
圖文排版 / 周妤靜
封面設計 / 楊廣榕

發 行 人 / 宋政坤
法律顧問 / 毛國樑　律師
出版發行 / 秀威資訊科技股份有限公司
114台北市內湖區瑞光路76巷65號1樓
電話：+886-2-2796-3638　傳真：+886-2-2796-1377
http://www.showwe.com.tw
劃撥帳號 / 19563868　戶名：秀威資訊科技股份有限公司
讀者服務信箱：service@showwe.com.tw
展售門市 / 國家書店（松江門市）
104台北市中山區松江路209號1樓
電話：+886-2-2518-0207　傳真：+886-2-2518-0778
網路訂購 / 秀威網路書店：http://www.bodbooks.com.tw
國家網路書店：http://www.govbooks.com.tw

2017年8月　BOD一版
定價：380元

國家圖書館出版品預行編目

陸之駿飲食隨筆 / 陸之駿著. -- 一版. -- 臺北市 : 秀威資訊科技, 2017.08

面； 公分. -- (生活風格類)

BOD版

ISBN 978-986-326-442-2(平裝)

1.飲食 2.文集

427.07 106010315

讀者回函卡

感謝您購買本書，為提升服務品質，請填妥以下資料，將讀者回函卡直接寄回或傳真本公司，收到您的寶貴意見後，我們會收藏記錄及檢討，謝謝！

如您需要了解本公司最新出版書目、購書優惠或企劃活動，歡迎您上網查詢或下載相關資料：http:// www.showwe.com.tw

您購買的書名：________________________________

出生日期：________年________月________日

學歷：□高中（含）以下　□大專　□研究所（含）以上

職業：□製造業　□金融業　□資訊業　□軍警　□傳播業　□自由業

□服務業　□公務員　□教職　□學生　□家管　□其它_____

購書地點：□網路書店　□實體書店　□書展　□郵購　□贈閱　□其他

您從何得知本書的消息？

□網路書店　□實體書店　□網路搜尋　□電子報　□書訊　□雜誌

□傳播媒體　□親友推薦　□網站推薦　□部落格　□其他__________

您對本書的評價：（請填代號　1.非常滿意　2.滿意　3.尚可　4.再改進）

封面設計____　版面編排____　內容____　文／譯筆____　價格____

讀完書後您覺得：

□很有收穫　□有收穫　□收穫不多　□沒收穫

對我們的建議：________________________________

____

____

____

請貼
郵票

11466
台北市內湖區瑞光路 76 巷 65 號 1 樓

秀威資訊科技股份有限公司 收

BOD 數位出版事業部

(請沿線對折寄回，謝謝！)

姓　　名：________________　年齡：________　性別：□女　□男

郵遞區號：□□□□□

地　　址：____

聯絡電話：(日)________________　(夜)________________

E-mail：____